21 世纪普通高等教育系列教材

工程力学实验教程

兰志文　张　纯　黄梦溪　编

机械工业出版社

本书根据工程力学实验课程的教学要求，结合工程力学实验中心教师多年教授力学课程的理论和实践经验编写而成，目的在于为工程力学实验教学提供参考和指导。

全书分为3篇25章，第1篇阐述了与实验基本理论相关的内容，包括量纲分析、相似理论、数据处理，以及力学实验方法，介绍了力、位移、应力、应变、振动参量等常用力学量的测量方法及原理；第2篇详细介绍了本课程必修或选修的工程力学实验项目的原理、设计与实现；第3篇介绍了本课程常用的实验设备。

本书可作为普通高等院校非力学专业本科生和研究生的实验教材，也可供从事力学研究和应用的工程技术人员学习和参考。

图书在版编目（CIP）数据

工程力学实验教程/兰志文，张纯，黄梦溪编. —北京：机械工业出版社，2022.1（2024.7重印）

21世纪普通高等教育系列教材

ISBN 978-7-111-69334-5

Ⅰ.①工… Ⅱ.①兰… ②张… ③黄… Ⅲ.①工程力学-实验-高等学校-教材 Ⅳ.①TB12-33

中国版本图书馆 CIP 数据核字（2021）第 204145 号

机械工业出版社（北京市百万庄大街 22 号 邮政编码 100037）
策划编辑：张金奎 责任编辑：张金奎
责任校对：李 婷 封面设计：王 旭
责任印制：邓 博
北京盛通数码印刷有限公司印刷
2024 年 7 月第 1 版第 3 次印刷
184mm×260mm · 8.5 印张 · 209 千字
标准书号：ISBN 978-7-111-69334-5
定价：28.00 元

电话服务	网络服务
客服电话：010-88361066	机 工 官 网：www.cmpbook.com
010-88379833	机 工 官 博：weibo.com/cmp1952
010-68326294	金 书 网：www.golden-book.com
封底无防伪标均为盗版	机工教育服务网：www.cmpedu.com

前　言

工程力学实验是土木、水利、机电、材料工程等工科专业教学中的重要组成部分。通过学习工程力学实验课程，学生可以加深对工程力学理论知识和教学内容的理解，可以学习运用科学实验探索科学规律的方法，也可以了解工程力学知识被发现、创造的历程。工程力学实验课程的实践是学生获取专业知识和经验的重要途径，对培养学生的科学研究能力、创新思维能力和实践动手能力起着重要的作用。

南昌大学工程力学实验中心一直重视力学实验的课程建设和教学改革，经过多年的实验教学实践，积累了丰富的实验教学经验，开发了一批实验项目，自编了《工程力学实验讲义》，在此基础上，结合近年的教学情况和教学改革的需要，编写了本实验教程。全书共分3篇25章，第1篇为力学实验原理，这部分内容可帮助读者了解力学实验的理论基础。其中，第1章为实验基础理论，介绍了一般性的实验基础理论，如量纲分析、相似理论和数据处理。第2章为常用力学量的测试方法与原理，分别介绍了力、位移、应力应变、振动参量等常用力学量的测量方法及原理，包括机械测量原理与电测法原理。第3章为光测方法，主要介绍光弹性法测量原理，并对全息光弹性法及全息干涉法、云纹法、散斑干涉法、数字图像相关等做了简介。第4~18章为第2篇内容，详细介绍了常见工程力学实验项目的设计与实现，包括基础性实验及设计和创新性实验。每一个实验项目都给出了实验目的、实验原理、实验方法和手段，实验后的数据处理和思考题留给学生课后完成，以促进学生对实验现象及结果做深入的思考和探索，培养他们的创新能力。第19~25章为第3篇内容，介绍本课程常用的实验设备，以方便学生了解实验设备的构造组成及其工作原理，熟悉和掌握仪器设备的操作和使用。

我们希望本书能帮助学生对各个实验项目的内在力学原理及意义加深了解和掌握，明确现有各种力学实验方法的特点及适用范围。

本书由兰志文、张纯、黄梦溪编写并统筹定稿。在编写过程中得到了南昌大学工程力学实验中心其他教师的大力支持和帮助，在此深表感谢。由于编者水平有限，书中难免存在不足和不全面之处，敬请读者批评指正。

编　者

2021 年 5 月

目 录

绪　论

　　力学是研究物体受力及其运动、变形规律的科学，是一门与机械、土木、航空航天、材料等工程领域密切相关的基础科学。实践是检验真理的唯一标准，实验也是认识自然现象及其规律的重要手段。在力学学科长期的发展过程中，逐渐形成了实验力学、理论分析及数值模拟三大研究手段。实验力学与理论分析、数值模拟相互补充，形成了解决力学问题的完整体系。理论分析能为力学实验的设计和实施提供指导，实验结果则能为新理论的建立及理论分析结果的合理性提供支持和验证。然而，对于很多实际工程问题中的结构及其复杂多变的载荷工况，理论分析往往需要建立过于简化的力学模型，其分析结果只具有定性的参考意义，与真实情况存在较大差距。因此，以有限单元法、边界元法为代表的数值模拟方法在工程中得到了广泛的运用，其通常能得到较精确的近似结果。不过，数值模拟必须以正确的力学模型作为基础，而模型中所涉及的诸多力学性质参数都需要通过实验测得，并且数值模拟所得结果的准确性同样需要由实验方法去验证。

　　实验力学的研究工作可以在真实结构上进行，也可以对不便在实物上进行的实验采用模型实验。对于工程力学实验而言，主要用于解决以下问题：

　　1）测量结构在工作过程中所受荷载的大小、方向及变化特点；

　　2）测量材料的力学性能；

　　3）测量实际结构或缩减模型的变形情况或应力状态，分析结构中应力和变形分布特征，确定危险截面及危险点，进行强度、刚度与稳定性校核；

　　4）在动力测试中，测量结构的各种运动参数（如位移、速度、加速度等），确定结构的振动特性；

　　5）根据实验分析结果，合理选择结构的材料、几何尺寸和截面形状，校核现有理论分析方法及数值计算结果。

　　随着科学技术的飞速发展，新兴学科的不断出现，实验力学在吸收、应用相关学科最新成就的过程中蓬勃发展，新的实验技术、仪器设备不断推出，其应用领域也从传统的机械、土木等逐步扩展到微纳米材料、电子工程、生物工程等。各种类型传感器及测量、分析仪器日新月异；伴随激光干涉计量术的引进，出现了全息光弹性法、激光干涉法、激光散斑法、数字图像相关等一系列的非接触全场测量技术；而微电子技术的发展形成了以计算机为核心的测试系统，且正在向微型、智能、集成的方向发展，实验控制程序化、数据处理自动化的实现显著提高了实验的精度和效率。

　　"工程力学实验"课程侧重于基本实验项目的开展及基本实验技术的应用，同时注意吸收实验力学领域最新的研究成果以加强该课程的教学效果。为加深对力学实验基本概念的理解，加强对力学实验基本规律的认识及掌握，本书首先阐述了一般性的实验基础理论，如量纲分析、相似理论和实验数据处理等，进而介绍了力、位移、应力应变、振动量等常用力学量的测量方法及其原理。以此为基础，详细介绍了各种工程力学实验项目的设计与实现，以及相关的实验设备。

本书旨在指导学生通过亲身实践实际操作、观察实验现象、分析实验结果等一系列力学实验的基本流程去验证"工程力学""材料力学"等课程中的相关知识原理，掌握测定工程材料力学性能、构件应力应变的基本原理和常见实验设备仪器的操作方法；通过这些实验训练，培养学生的实验设计能力、实验操作能力、结果分析能力，训练学生的创新思维，为引导学生建立实事求是的科学态度、理论联系实际的科学作风、一丝不苟的工作习惯奠定初步的基础。

第1篇　力学实验原理

第1章　实验基础理论

1.1 / 量纲分析

1. 量纲

自然现象与工程问题都需要利用一系列的物理量进行描述。通过研究不同的物理量间的相互联系，可揭示现象和问题的内在规律。由此可见，物理量的度量是正确探究自然规律的基础。度量一个物理量，即用一定方式与取作标准的同类量进行比较，这一比较的过程称为测量。根据测量量的性质，测量的方法可以是直接的，也可以是间接的。例如，度量一个物体的长度 L 时，可取一个作为标准的长度 l_0 与之比较，可得到物体长度的量值 l，即有 $l = L/l_0$，这个过程是一个直接的测量。有些物理量则采用的是间接的测量方式，如物体的运动速度，其量值通常由长度测量值与时间测量值之比来决定。当然，物理量的度量不可能绝对精确，必然会引入一定的误差。测量的精度将取决于采用的测量方法、测量工具，以及操作者的态度和技能。

在测量过程中选作标准的特定量称为测量单位，不同类物理量有不同的测量单位。物理量按其性质可分为两类。一类为有量纲量，其大小与度量所用单位相关，如长度、时间、质量等；一类为无量纲量，其大小与度量所用单位无关，属于纯数，如长度之比、质量之比。由于工程问题中各特征量间存在着内在联系，各测量量间也必然存在一定的函数关系，因此并非所有的物理量都是独立的。其中，量纲不能由其他物理量单位组合而成的物理量称为基本单位，量纲可由其他物理量单位组合而成的物理量则称为导出单位。将一个物理导出量用若干个基本量的乘方之积表示出来的表达式，称为该物理量的量纲式，简称量纲。对于一个力学量 X 来说，其量纲表达式可表示为

$$X = L^{\alpha}M^{\beta}T^{\gamma} \tag{1.1}$$

式中　α、β、γ——常数。

可以证明，当基本单位确定后，任意的物理量均可表示为式（1.1）所示的幂次形式。而描述某类问题所需基本单位的全体则称为测量单位系。对力学问题的描述通常需要三个基本单位：长度、质量（或力）、时间，常用的测量单位系有：CGS 系——厘米（cm）、克（g）、秒（s），MKS 系——米（m）、千克（kg）、秒（s），MTS 系——米（m）、吨（t）、秒（s），工程系——米（m）、牛（N）、秒（s）。如用基本量（长度 L、质量 M、时间 T、力 F）的符号组合来区分，单位系 CGS、MKS、MTS 属于 LMT 系族，工程系属于 LFT 系族。

对于一个力学量 X，测量单位系的改变会体现为基本单位及导出单位的变化，但其量纲不受影响，改变的仅是量值的大小。以 LMT 族系的两个单位系 CGS 系、MKS 系为例，MKS 系与 CGS 系相比，长度、质量、时间各改变了 $r_l = 100$、$r_m = 1000$、$r_t = 1$ 倍；对于具有式（1.1）所示量纲公式的力学量，在这两个单位系下量值 x' 与 x 的比值为

$$x'/x = r_l^\alpha r_m^\beta r_t^\gamma = 100^\alpha \times 1000^\beta \tag{1.2}$$

虽然量值相差较大，但量纲保持不变。由此可见，物理量的量纲是物理量的种类属性，能反映物理量的量值随基本量单位改变而改变的倍数。不同种类的物理量具有不同的量纲，只有量纲相同的项才能进行加减运算或用等式联立。

2. 量纲分析及应用

物理量的量纲可以用来分析客观规律中不同物理量之间的关系，这方法称为量纲分析。量纲分析的理论核心是 π 定理，它的主要内容由 E. Buckingham 在 1914 年提出。

对于反映实际现象的客观规律，我们通常采用一些特征物理量的函数关系来描述，如

$$a = f(a_1, a_2, \cdots, a_n) \tag{1.3}$$

在这些函数关系中，有量纲量的数值必然会因测量单位的选择不同而改变。然而，由于函数关系描述的规律本身是客观的，显然应该与人为建立的测量单位无关，因此，对于另一测量单位系，各物理量间仍应有相同的函数形式

$$a' = f(a_1', a_2', \cdots, a_n') \tag{1.4}$$

这是量纲分析的基础。各物理量间函数关系所具有的与测量单位制无关的结构特性，使我们可以将其用变量更少的函数来表示，从而简化实验研究的工作量。在函数关系式（1.3）所含有的量纲自变量 a_1, a_2, $\cdots$, a_n 中，假设有 k 个独立量纲的基本量。这里所涉及的独立量纲是指一个量的量纲公式不能用其他量量纲公式的指数单项式的组合来表示。例如：长度 L、速度 L/T、力 ML/T^2 的量纲是独立的，而长度 L、速度 L/T、加速度 L/T^2 的量纲则是不独立的。经过推导，我们可以得到所谓的 π 定理：如果一个问题的 $n+1$ 个特征量（包括 n 个自变量和 1 个因变量）由式（1.3）联系起来，则由于这一关系式反映了所研究问题的客观规律，则其形式与人为给定的测量单位系无关；当基本量数目为 k 时，一定可以形成 $n+1-k$ 个无量纲变量，它们之间构成明确的函数关系

$$\pi = \varphi(\pi_1, \pi_2, \cdots, \pi_{n-k}) \tag{1.5}$$

其中所有自变量和因变量均为无量纲常数。可见式（1.3）中含 n 个变量的函数 f，实际上可表示为 $n-k$ 个变量的函数。

下面以单摆为例简单介绍一下 π 定理的应用。

如图 1.1 所示，长度为 l 的细绳一端固定，一端悬挂质量为 m 的物体。不计细绳质量与变形。将物体从铅垂的平衡位置，沿半径为 l 的圆弧移动到方位角为 φ 的初始位置后释放，物体将在重力的作用下进行周期性的摆动。通过观察可知，单摆的周期 T 将取决于 4 个控制参数：物体的质量 m、细绳的长度 l、重力加速度 g 和初始方位角 φ，于是可给出如下的函数关系式：

$$T = f(m, l, g, \varphi) \tag{1.6}$$

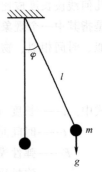

图 1.1　单摆

分析这一简单力学系统的各个变量可知，在函数的自变量中有三个量纲独立的基本量，即 m、l 和 g，其量纲分别为质量、长度和加速度；另一个自变量 φ 是无量纲的角度，相当于两个长度的比。由于因变量 T 的量纲为时间，它是基本量 l 和 g 量纲的导出量，即有（时间）=（长度/加速度）$^{1/2}$。于是采用 m、l、g 作为单摆问题的基本单位系统，用来度量问题中所有物理量。由 π 定理，式（1.6）可转变为

$$\frac{T}{(l/g)^{1/2}} = \phi(\varphi)$$

$$T = (l/g)^{1/2}\phi(\varphi) \tag{1.7}$$

由式（1.7）即可得出单摆周期的一些重要特性：①周期与摆长平方根成正比，而与重力加速度平方根成反比；②周期与悬挂物质量无关；③周期与初始方位角 φ 和函数 $\phi(\varphi)$ 的形式相关。我们如要明确周期 T 的具体表达式，就需要进一步利用实验或理论分析来确定函数 $\phi(\varphi)$ 的形式。

如果我们采用实验的方法，但又不进行量纲分析，而是直接去确定函数关系式（1.6）。此时有 4 个自变量，假设对于每个自变量取大小不同的 10 个值进行实验，经过排列组合可知，总共需要进行 10000 次实验；但是，利用 π 定理进行量纲分析后，在化简后的关系式（1.7）中只有一个自变量，也即是说只需要 10 次实验就可以确定函数关系 $\phi(\varphi)$ 以及周期 T，从而大大降低了实验的工作量。

如考虑是小位移，即初始方位角 $\varphi \ll 1$，则可以进一步简化问题。由常识可知，函数 $\phi(\varphi)$ 必然是方位角 φ 的偶函数，于是将 $\phi(\varphi)$ 在 $\varphi = 0$ 处进行泰勒展开，并忽略高阶小量，可得

$$\phi(\varphi) = \phi(0) + \frac{1}{2!}\phi''(0)\varphi^2 + \frac{1}{4!}\phi^{(4)}(0)\varphi^4 + \cdots \approx \phi(0) \tag{1.8}$$

将式（1.8）代入式（1.7），有

$$T = (l/g)^{1/2}\phi(0) \tag{1.9}$$

此时，只需要进行一次实验确定常数项 $\phi(0)$ 的大小即可，这一常数值实际就是理论上可以导出的 2π。

1.2 / 相似理论

相似现象是自然界中普遍存在的一种现象，其概念来源于几何学中几何图形的相似，如大家所熟知的三角形相似。对于两个相似三角形来说，它们有一个本质的特性，即相对应的几何线段长度成比例。将相似的概念进一步推广，对某两个现象而言，如说它们是相似的，是指其中一个现象所有特征量的数值与另一现象相应的特征量数值成比例。常见的有几何相似、时间相似、物理参数相似等。

$$C_l = l_{\mathrm{m}}/l_{\mathrm{p}}, \quad C_t = t_{\mathrm{m}}/t_{\mathrm{p}}, \quad C_E = \frac{E_{\mathrm{m}}}{E_{\mathrm{p}}}, \quad C_\mu = \frac{\mu_{\mathrm{m}}}{\mu_{\mathrm{p}}}, \quad C_\rho = \frac{\rho_{\mathrm{m}}}{\rho_{\mathrm{p}}} \tag{1.10}$$

式中　l——长度（mm）；

　　　t——时间间隔（s）；

　　　E——弹性模量（GPa）；

　　　μ——泊松比；

　　　ρ——密度（kg/m³）。

下标 p 和 m 分别表示原型和模型；而无量纲常数 C_l，C_t，…被称为相似系数或相似比。

相似概念的推广及相似理论的提出，对于力学实验来说至关重要。由于实际条件、经济成本等多方面因素的限制，我们常需要用模型来替代实物进行测量。譬如，桥梁结构的抗

风实验，在风洞实验室中以 1∶1 还原实际桥梁来进行实验是不可想象的。模型实验设计及试件制作的理论依据就是相似定理。在模型实验中，所采用的模型试件是根据原型结构，在考虑几何相似性和材料相似性的情况下，按照一定比例关系制作而成的实验替代物。它具有原型结构的全部或部分特征。实验时，在模型试件上施加相似力（即比例荷载），模拟原型结构的实际工作情况，最后按相似理论确定的相似判据整理实验结果，推算出原型结构的真实状态。

为阐明相似现象所具有的性质，以一个简单的速度计算公式为例。根据速度的微分定义，对于原型结构有

$$v_p = \frac{dl_p}{dt_p} \tag{1.11}$$

对于模型结构有

$$v_m = \frac{dl_m}{dt_m} \tag{1.12}$$

设各同类物理量之间的比例常数为

$$C_v = \frac{v_m}{v_p}, \quad C_l = \frac{l_m}{l_p}, \quad C_t = \frac{t_m}{t_p} \tag{1.13}$$

式中　C_v——速度相似比；

　　　C_l——位移相似比；

　　　C_t——时间相似比。

由于相似时，原型及模型结构具有完全相同的函数关系，因此这些相似比并不是可以任意假定的。将式（1.13）代入式（1.12）中，可得

$$v_m = C_v v_p = \frac{C_l}{C_t} \frac{dl_p}{dt_p} \tag{1.14}$$

$$v_p = \frac{C_l}{C_t C_v} \frac{dl_p}{dt_p} \tag{1.15}$$

比较式（1.15）和式（1.11），可知

$$\frac{C_l}{C_t C_v} = 1 \tag{1.16}$$

可见当两个相似比任意选定后，第三个相似系数必须由式（1.16）来确定；于是 $C_l/(C_t C_v)$ 称为模型与原型相似的相似指标。

将式（1.13）代入式（1.16）中，整理后可得

$$\frac{v_m t_m}{l_m} = \frac{v_p t_p}{l_p} = 常数 \tag{1.17}$$

上式说明彼此相似现象中的各物理量间也存在着一定的关系。去掉式（1.17）中的下标，则可以写成一般形式

$$\pi = \frac{vt}{l} \tag{1.18}$$

式（1.18）称为相似判据或相似准则，其中 π 为一无量纲的常量。因此，对于彼此相似的现象，其相似判据是相同的，为一常量，且相似指标等于1，这一结论即相似第一定理。相

似判据相等是模型与原型相似的必要条件。

对于一般的力学问题，若知道各物理量之间的函数关系，可参照上面的量纲分析过程确定相似判据。若没有得到描述物理过程的具体方程，只要能确定力学问题中的物理量及相应的量纲，依然可以根据 π 定理（即相似第二定理）来分析相似判据。

以弹性力学中的几何非线性问题为例。假设弹性结构中任一点应力 σ 的大小与所受荷载 P（这里假定为集中荷载）、结构几何尺寸 l、结构材料常数（弹性模量 E 和泊松比 μ）有关，其一般的函数表达式可写为

$$\sigma = f(P, l, E, \mu) \tag{1.19}$$

在工程系中，物理量 σ、P、l、E、μ 的量纲分别为

$$[\sigma] = FL^{-2}, [P] = F, [l] = L, [E] = FL^{-2}, [\mu] = F^0 L^0 \tag{1.20}$$

因为泊松比 μ 为无量纲量，因此可以表示为基本量的 0 次幂。根据 π 定理，因变量的量纲可表示为

$$[\pi] = \frac{[\sigma]}{[P^a l^b E^c \mu^d]} = 1 \tag{1.21}$$

其中 a、b、c、d 为待定常数。将式（1.20）代入式（1.21）中，可得

$$[\pi] = \frac{FL^{-2}}{F^a L^b (FL^{-2})^c 1^d} = F^{1-a-c} L^{-2-b+2c} = 1 \tag{1.22}$$

从而有

$$1-a-c = 0, \quad -2-b+2c = 0$$

解得

$$\begin{cases} a = 1-c \\ b = -2+2c \end{cases} \tag{1.23}$$

将式（1.23）所得结果代回式（1.21）中，有

$$[\sigma] = [P]^{1-c}[l]^{-2+2c}[E]^c[\mu]^d = \left[\frac{P}{l^2}\right]\left[\frac{l^2 E}{P}\right]^c [\mu]^d \tag{1.24}$$

将式（1.24）中的 P/l^2 移到等式左边，于是有

$$\left[\frac{\sigma l^2}{P}\right] = \left[\frac{l^2 E}{P}\right]^c [\mu]^d \tag{1.25}$$

由于式（1.25）中，$\sigma l^2/P$、$l^2 E/P$、μ 均是无量纲的，令

$$\pi_1 = \frac{\sigma l^2}{P}, \pi_2 = \frac{l^2 E}{P}, \pi_3 = \mu \tag{1.26}$$

则式（1.26）可转化为无量纲形式

$$\frac{\sigma l^2}{P} = f\left(\frac{l^2 E}{P}, \mu\right)$$

$$\pi_1 = f(\pi_2, \pi_3) \tag{1.27}$$

式（1.27）即为弹性结构几何非线性静力问题的判据方程，其中 π_1、π_2、π_3 即为相似判据，模型设计时应保证 $\pi_{1m} = \pi_{1p}$，$\pi_{2m} = \pi_{2p}$，$\pi_{3m} = \pi_{3p}$；若荷载、长度、弹性模量及泊松比的相似比 C_P、C_l、C_E、C_μ 需要满足相似指标的要求

$$\frac{C_E C_l^2}{C_P} = 1, \quad C_\mu = 1 \tag{1.28}$$

则有模型与原型的 $\pi_{1m} = \pi_{1p}$，于是可求得应力的相似比

$$C_\sigma = \frac{C_P}{C_l^2} = C_E \tag{1.29}$$

根据式（1.29）所得结果，即可由模型测量求出的应力数据来推算原型中的应力情况。由此可见，根据相似第二定理，一个问题中各物理量间的函数关系方程可转换为无量纲方程，方程中的各项即为相似判据。

相似第一、第二定理分别说明了相似现象的性质，给出了相似现象的必要条件，而相似第三定理则给出了相似现象的充分条件。即两个现象相似，除要求它们满足几何相似、服从同一方程，以及方程所得相似判据相等外，还要求能唯一地确定这一现象的单值条件（如边界条件、初始条件等）也必须相似。

对于一般问题的求解，具体的结果是由各物理量间的方程及定解条件决定。问题仅需满足单独的方程时会出现多解性，而定解条件或是单值条件能从多个解中唯一地确定一个与实际相符的解。因此，服从同一方程且单值条件所含量组成的相似判据不变，是两个现象相似的充要条件。

1.3　数据处理

实验过程中，通过对特征物理量的测量，可以采集到一批数据。利用这些原始数据，经过换算整理、统计分析后，并结合图表、公式等工具可以揭示数据所反映的力学问题本质及规律。本节将具体介绍实验数据处理的相关内容。

1. 误差的概念

实验离不开测量，而测量是实验者在一定的实验环境中采用专门的仪器设备，去获取被测量值的过程。由于测试方法、测量设备、实验人员工作态度和技术能力、环境干扰等多方面因素的影响，使得实验测量结果与真值之间不可避免地存在差异，称为误差。

随着技术手段的发展、测量仪器设备的更新、测量环境的改善以及测试人员素质的提升，误差会不断减少，测量精度也相应提高，但误差依然是难以避免的。因此，需要对误差产生的原因进行分析，并选择合适的处理方法以减小误差的影响。

2. 误差的分类与特征

误差分类的方法有很多，通常按其性质和原因可分为：过失误差、系统误差、随机误差。

过失误差通常是由于测试人员疏忽大意、操作不当，甚至是测量设备故障等原因引起的。严格讲，过失误差是一种错误，应通过细致认真的测量避免出现。

系统误差通常由测试系统本身缺陷、环境等外界因素影响，以及实验者不正确的测量习惯而产生，如仪器未校准、拉伸实验时夹具偏心、温度补偿不足等。这种误差会累积到各测量值上，从而在数值上表现出一种确定规律的变化。相对而言，这种误差只需明确误差产生的原因或误差变化规律，是不难避免或加以消除的。例如，处理数据时常用的增量法可消除

初始读数或零点不准造成的误差。

即使消除了过失误差和系统误差，实验值与真实值之间仍会有差异。这种差异的大小和符号没有确定的规律，体现出随机的特性，如读数时对估计的读数可能偏大也可能偏小，温度微小波动等。我们通常说的实验误差多指这种误差，它是不可避免的。

弄清随机误差的分布规律及统计特征，是分析、整理实验数据的关键。

（1）分布规律

大量实验结果表明随机误差大多数服从正态分布（高斯分布）。正态分布的概率密度函数为

$$f(\delta)=\frac{1}{\sigma\sqrt{2\pi}}\mathrm{e}^{-\frac{\delta^2}{2\sigma^2}},-\infty<\delta<+\infty,\sigma>0 \qquad (1.30)$$

式中　δ——测量值与真实值的差值，即随机误差；

　　　σ——随机误差的标准偏差。

相应的概率分布曲线如图 1.2 所示。分布曲线关于直线 $\delta=0$ 对称，并且在 $\delta=0$ 处达到极大值，等于 $1/(\sigma\sqrt{2\pi})$；在 $\delta=\pm\sigma$ 处有拐点；当 $\delta\to\pm\infty$ 时，曲线以 δ 轴为其渐进线。当标准偏差 σ 数值减小时，曲线在中心部分的概率密度值增大，但由于概率密度函数的性质，分布曲线下面的面积总保持为 1。因此，曲线中心部分升高，而两侧则迅速衰减到 δ 轴。当 σ 很小时，曲线的形状与一个尖峰相似，曲线下面的面积几乎集中于以 $\delta=0$ 为中心的一个小区间内；而当 σ 数值增大时，曲线趋于平坦，如图 1.3 所示。

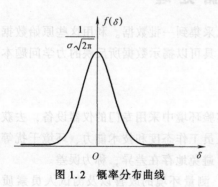

图 1.2　概率分布曲线　　　　　图 1.3　正态分布规律

相应的正态分布函数可以表示为

$$F(\delta)=\frac{1}{\sigma\sqrt{2\pi}}\int_{-\infty}^{\delta}\mathrm{e}^{-\frac{x^2}{2\sigma^2}}\mathrm{d}x \qquad (1.31)$$

于是误差 δ 落入 (α,β) 区间的概率为

$$P(\alpha<\delta<\beta)=\int_{\alpha}^{\beta}f(x)\mathrm{d}x=\frac{1}{\sigma\sqrt{2\pi}}\int_{\alpha}^{\beta}\mathrm{e}^{-\frac{x^2}{2\sigma^2}}\mathrm{d}x \qquad (1.32)$$

定义标准正态分布的分布函数为

$$\Phi(\delta)=\frac{1}{\sqrt{2\pi}}\int_{-\infty}^{\delta}\mathrm{e}^{-\frac{x^2}{2}}\mathrm{d}x \qquad (1.33)$$

则式（1.32）可转化为

$$P\ (\alpha<\delta<\beta)\ =\ \Phi\left(\frac{\beta}{\sigma}\right)-\Phi\left(\frac{\alpha}{\sigma}\right) \tag{1.34}$$

由于标准正态分布函数有标准正态分布表可查，因此由式（1.34）可以很方便地计算概率值 $P\ (\alpha<\delta<\beta)$。

（2）算术平均值（最佳值）

虽然实验数据不可避免地存在误差，我们仍希望通过实验数据的处理得到物理量的准确值。由误差分布规律可知，正负误差出现的概率相等。在消除过失误差及系统误差的前提下，当测量次数无限多时，各测量值的算术平均值将趋于真实值。由于一般情况下，观测次数有限，这些观测结果可视为所有可能测量值总体中抽出的样本，而样本所求得的平均值是近似的真实解，也称为最佳值，其表达式为

$$\bar{x} = \frac{1}{n}\sum_{i=1}^{n}x_i \tag{1.35}$$

式中 $\bar{x}$——算术平均值；

$\quad\ \ x_i$——第 i 个测量值；

$\quad\ \ n$——测量次数。

（3）标准偏差

为表征测量值在平均值周围的分散程度，引入标准偏差作为估计量测精确度的标准。对于有限次数的测量，我们采用样本的标准偏差的无偏估计来代替总体的标准偏差，即

$$\sigma = \sqrt{\sum_{i=1}^{n}(x_i-\bar{x})^2/(n-1)} \tag{1.36}$$

（4）置信区间与置信概率

在实验中，人们常希望根据样本给出所测量的取值范围，使在这一范围中包含测量真实值的可信程度达到一个预先设定的水平。这样的范围一般以区间形式给出，而这种形式的估计称为区间估计，相应的区间称为置信区间，置信区间包含真值的概率则称为置信概率。

由于涉及较多的数理统计知识，这里我们仅简单分析一下正态分布时置信区间取为 $[-k\sigma,\ k\sigma]$ 的情况（σ 为标准偏差，k 为自然数）。此时测量误差落在这一区间的概率可利用式（1.34）计算。当 $k=1$、2、3 时，置信概率分别为 0.683、0.954、0.997。于是可知当误差 $\delta\geqslant3\sigma$ 时，其概率为 0.3%，相当于 300 多次测量才可能出现一次，因此常将 3σ 作为一个准则，对于数据误差绝对值大于 3σ 的测量值认为是不正常的，予以剔除。

3. 误差的传递

测量分为直接测量和间接测量。低碳钢拉伸试验时，试件截面积的测量就属于间接测量，它是利用直接测量的直径，按照面积公式计算得到的。显然，它的误差受直径测量误差的影响，但又与直径测量误差不相同。就一般的情况来分析这一问题，将间接测量值表示为直接测量值的函数

$$y=f\ (x_1,\ x_2,\ \cdots,\ x_n) \tag{1.37}$$

式中 $\quad\quad\ y$——间接测量值；

$x_1,\ x_2,\ \cdots,\ x_n$——直接测量值。

以 $\Delta x_1,\ \Delta x_2,\ \cdots,\ \Delta x_n$ 表示 $x_1,\ x_2,\ \cdots,\ x_n$ 的测量误差，利用泰勒公式将式（1.37）展开，并略去高阶小量后，可得绝对误差表达式

$$\Delta y = \frac{\partial f}{\partial x_1}\Delta x_1 + \frac{\partial f}{\partial x_2}\Delta x_2 + \cdots + \frac{\partial f}{\partial x_n}\Delta x_n \tag{1.38}$$

而相对误差的表达式则为

$$\frac{\Delta y}{y} = \frac{\partial f}{\partial x_1}\frac{\Delta x_1}{y} + \frac{\partial f}{\partial x_2}\frac{\Delta x_2}{y} + \cdots + \frac{\partial f}{\partial x_n}\frac{\Delta x_n}{y} \tag{1.39}$$

式中　　$\dfrac{\partial f}{\partial x_i}$——直接测量值 x_i 的误差传递函数。

4. 实验数据处理

实验数据处理时，首先需要判断测量结果的合理性。不能对误差做出合理解释的数据应予以剔除。剔除数据时，通常根据统计学原理判断误差出现的概率，设定一定的判断准则，确定数据的取舍。例如，上节中所述的 3 倍标准误差剔除数据的方法。

实验数据表达可以采用表格、图形、公式等形式，这有利于我们清楚地认识现象的本质规律。列表法、制图法相对简单，而经验公式的形式没有统一的标准。通常是先将测量数据点绘成测量曲线，再将曲线的形状和走势与已有数学曲线进行比较，来选择合适的形式，如多项式、指数函数、双曲函数等；最后将拟合函数通过实验来验证。经验公式拟合的具体算法可参见"数值分析"课程相关理论。在具体计算时可借助相关软件来实现，如 Excel 提供的数据拟合功能、Matlab 软件提供的数据拟合函数等。

利用实验数据分析得到各力学量的函数关系式后，还需要进一步分析回归方程对观测数据拟合的程度如何，是否真正体现自变量与因变量之间的函数关系。这种对回归效果好坏的检验即是评价回归方程总体代表性的显著性检验。具体内容可参见"数理统计"课程的相关内容。

第2章　常用力学量的测试方法与原理

在工程中，与材料或构件受力、变形相关的基本力学量有力（转矩）、位移、变形、应力、应变、振动量等。这些力学量一般都能通过一定的测试方法测量出来，不同的物理量有不同的测试方法。下面就一些常用力学量的测试方法和原理进行介绍。

2.1　力的测试方法和原理

力是物体间的相互机械作用。这种作用可以使物体变形，这是力的"静力效应"；也可以使物体的运动状态发生改变，这是力的"动力效应"。利用力的这些效应可以实现对力的测试。力的测试方法可归纳为力平衡测力法、弹性元件测力法和利用物理效应测力法。

1. 力平衡式测力法

力平衡式测力法是基于直接比较测量的原理，用一个已知力来平衡待测的未知力，从而得出待测力的值。平衡力可以是已知的重力、电磁力、液压力和气动力等。天平、机械杠杆和磁电式力平衡测力系统等机械称重系统都属于这种方法，如图2.1所示。

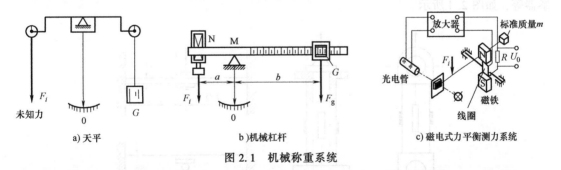

a) 天平　　　　　　　　b) 机械杠杆　　　　　　　c) 磁电式力平衡测力系统

图2.1　机械称重系统

对于液压和气压系统来说，可用传统的活塞和油缸或汽缸装置来测量。图2.2是一个液压测力计的原理图，当力作用在活塞上时，产生的油压就传到某种形式的压力传感系统。气压测力计和液压测力计非常类似，它们都为所施加的载荷被作用在反抗面上的一个压力所平衡，从而压力便成为所加载荷的一个度量。

当要测量较大的力时，简单的杠杆系统不能胜任，常常要采用多杠杆系统。在工程力学实验中，为使试件产生变形，必须对试件加载，载荷较小时可以用砝码直接加载，若载荷较大时则需用专门的加载设备。由于实验目的和条件的要求，需要采用各式各样的试验机进行加载。所谓的万能试验机可进行拉伸、压缩、剪切、弯曲等实验，常见的种类有机械传动摆式万能试验机、液压摆式万能试验机、电子万能试验机等。所有材料试验机都具有加载机构和测力机构。机械式和液压式试验机的测力机构通常是采用多杠杆系统的测力机构，电子式万能试验机的测力系统则采用力传感器的间接测量系统。

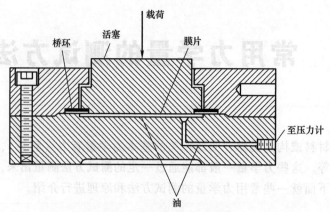

图 2.2　液压测力计原理图

2. 弹性元件测力法

在力作用下，弹性元件产生变形，通过测量未知力所引起的变形，从而可间接地测得未知力值。当弹性元件在被测力 F 的作用下，沿着受力方向产生与该力成比例的弹性变形 δ 时，满足以下关系：

$$F = k\delta \tag{2.1}$$

式中　k——弹性元件的刚度（N/mm）。

式（2.1）是弹性元件测力法的基本原理。弹性元件通常有柱形、筒形、梁形等，如图 2.3 所示。用不同结构的弹性元件组成的力传感器有柱式传感器、圆环式传感器、梁式传感器等，如图 2.4 所示。

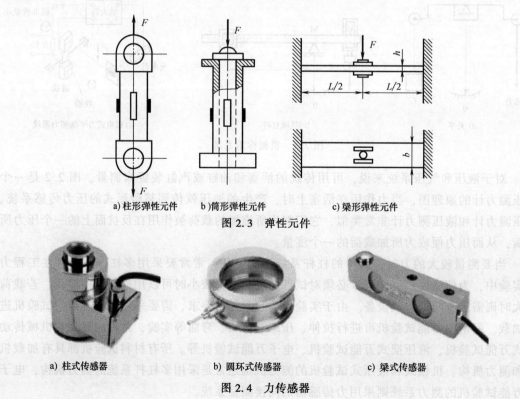

a) 柱形弹性元件　　　　b) 筒形弹性元件　　　　c) 梁形弹性元件

图 2.3　弹性元件

a) 柱式传感器　　　　　b) 圆环式传感器　　　　c) 梁式传感器

图 2.4　力传感器

3. 利用物理效应测力法

某些材料在力作用下会产生压磁、压电等效应，可以利用这些效应间接测量力值。一些类型的测力传感器就是基于这些效应，将力转换为正比于作用力大小的电信号进行测量。依据这些物理效应和检测原理可分为电阻应变式、电感式、压电式、压磁式、压阻式等。下面以压电传感器为例说明其工作原理。图 2.5 为压电传感器结构图及外观图。

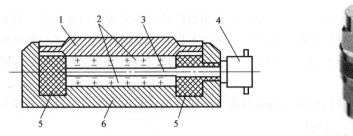

图 2.5　压电传感器结构图及外观图

1—上盖　2—石英晶片　3—电极　4—引出插头　5—绝缘材料　6—底座

压电效应可分为正压电效应和逆压电效应。正压电效应是指当晶体受到某固定方向外力的作用时，内部就产生电极化现象，同时在某两个表面上产生符号相反的电荷；当外力撤去后，晶体又恢复到不带电的状态。当外力作用方向改变时，电荷的极性也随之改变，晶体受力所产生的电荷量与外力的大小成正比。压电式传感器大多是利用正压电效应制成的。逆压电效应是指对晶体施加交变电场引起晶体机械变形的现象，又称电致伸缩效应。用逆压电效应制造的变送器可用于电声和超声工程。压电敏感元件的受力变形有厚度变形型、长度变形型、体积变形型、厚度切变型、平面切变型五种基本形式，如图 2.6 所示。压电晶体是各向异性的，并非所有晶体都能在这五种形式下产生压电效应。例如石英晶体就没有体积变形压电效应，但具有良好的厚度变形和长度变形压电效应。

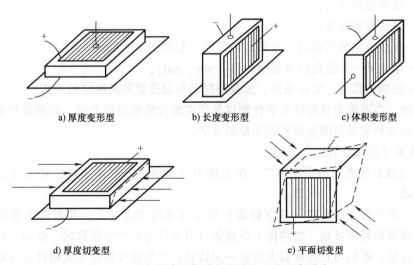

a) 厚度变形型　　　　b) 长度变形型　　　　c) 体积变形型

d) 厚度切变型　　　　　　e) 平面切变型

图 2.6　压电敏感元件受力变形的几种基本形式

压电式传感器是一种基于某些电介质压电效应的无源传感器，是一种自发电式和机电转换式传感器，它的敏感元件由压电材料制成。压电材料受力后表面产生电荷，此电荷经电荷放大器和测量电路放大和变换阻抗后就成为正比于所受外力的电量输出，从而实现非电量电测的目的。压电式传感器用于测量力和与力相关的非电物理量，如压力、加速度（惯性力）等，具有频带宽、灵敏度高、信噪比高、结构简单、工作可靠和重量轻等优点。

2.2　位移的测试方法和原理

位移是线位移和角位移的统称，标距内的相对位移可用来表征构件变形。位移和变形测量是工程力学实验中的重要内容。在力学实验中不仅要精确测出构件某点位置的改变，而且力和转矩的测量也常以位移测量为基础。此外，在确定材料的弹性常数时也需要测量微小变形。

众所周知，材料的弹性模量（杨氏模量 E、切变模量 G 和泊松比 μ）是和变形有关的

拉伸时：$E = \dfrac{Pl}{A\Delta l}$，$\mu = \left|\dfrac{\varepsilon_2}{\varepsilon_1}\right|$

扭转时：$G = \dfrac{Tl}{I_{\mathrm{p}}\varphi}$

弯曲时：$E = k\dfrac{P}{\delta}$

式中　P——拉伸时横截面上的轴力（kN）；

A——拉伸杆件的横截面积（mm^2）；

T——扭转轴横截面上的扭矩（$\mathrm{N \cdot m}$）；

I_{p}——扭转轴横截面对圆心的极惯性矩（mm^4）；

l——试件上某一段的长度（标距）（mm）；

Δl——标距长度上的变形量（拉伸时）（mm）；

ε_1——试件轴向应变；

ε_2——试件横向应变；

φ——标距长度的两截面相对转过的角度（扭转时）（rad）；

δ——梁上某一截面角位移或线位移（mm、rad）；

k——由梁的尺寸、支座条件、加载情况和截面位置等所决定的系数。

综上所述，当要确定材料的力学性能以及用实验方法确定应力时，必须要知道变形和位移，下面介绍几种常用的测量位移和变形的方法。

1. 千分表（或百分表）

千分表（或百分表）的用途很广，在工程力学实验中，用来测量位移或变形。其构造如图 2.7 所示。

使用时，将外壳上的孔环（或顶杆套）固定在相应的表架上，并借助弹簧的作用使触头与被测物体表面紧密接触。当物体上的接触点沿顶杆方向产生位移时，推动顶杆使杆上的平齿带动小齿轮，连同与它同轴的大齿轮一起转动，致使指针齿轮和大指针也转动。经过这一系列的传动和放大，便在表盘上指示出位移的大小。

千分表的大指针在表盘上转过一格，即代表触头的位移为 0.001mm，也即千分表的放大倍数为 1000。同理，百分表的放大倍数为 100。前者的量程一般为 3mm 左右，后者的要

大些，可达到 5~10mm。大指针的转动圈数由量程指针指示。

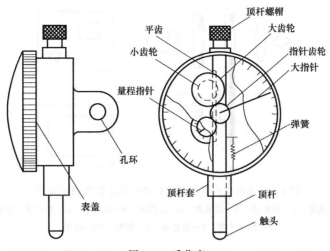

图 2.7 千分表

千分表除了测量线位移以外，还可与其他构件组成各种变形仪，如千分表扭角仪。例如，在测定切变模量时，需要准确测量试件的扭转角，而试件两截面的相对扭转角非常微小，因此，常采用基于百分表或千分表的放大功能的扭角仪进行测量。其构造原理及安装示意图如图 2.8a 所示。若给试件施加扭矩 M_n，两个截面将发生相对转动，千分表因此而产生读数，此读数即为 A、B 截面上距试件中心轴线为 b 的两点的相对位移 δ，如图 2.8b 所示。此时，截面 A、B 间的相对扭转角 $\varphi = \dfrac{\delta}{b}$（rad）。

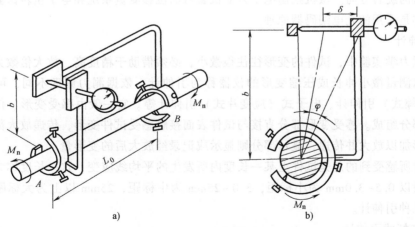

图 2.8 千分表扭转仪原理图

2. 光电编码器

光电编码器是一种最简单的光电式位移测量元件，测量系统的结构和工作原理如图 2.9 所示。它由光源、聚光镜、光电盘、光栅板、光电管、整形放大电路和数显装置组成。

光电盘和光栅板可用玻璃研磨抛光制成，经真空镀铬后用照相腐蚀法在镀铬层上制成透光的狭缝，狭缝的数量可为几百条或几千条。也可以用精致的金属圆盘在其圆周上开出一

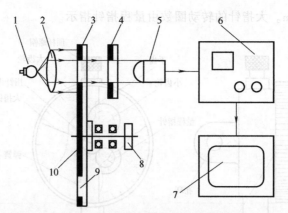

图 2.9　光电编码器测量系统的结构工作原理示意图

1—光源　2—聚光镜　3—光电盘　4—光栏板　5—光电管　6—整形放大电路

7—数显装置　8—齿轮箱　9—狭缝　10—铬层

定数量的等分槽缝，或在一定半径的圆周上钻出一定数量的小孔，使圆盘形成相等数量的透明和不透明区域。光栏板上有两条透光的狭缝，缝距等于光电盘槽距或孔距的 1/4，每条缝后面放一只光电管。

光电盘装在回转轴上，轴的另一端装有齿轮，该齿轮与驱动齿轮或齿条啮合时，可带动光电盘旋转。光电盘置于光源和光电管之间，当光电盘转动时，光电管把通过光电盘和光栏板射来的忽明忽暗的光信号转换成电脉冲信号，经整形、放大、分频、计数和译码后输出或显示。由于光电盘每转发生的脉冲数不变，故由脉冲数即可测出转角和转速，再根据传动装置的速比换算出直线运动机构的直线位移。根据光栏板上两条狭缝中信号的先后顺序，可以判别光电盘的旋转方向。微机控制电子万能试验机的位移测量系统和电子扭转试验机的扭角测量系统都是采用的光电编码器原理。

3. 引伸计

在工程力学实验中，试件的变形往往很微小，必须借助于精度高、放大倍数大的仪器来测量。用以测量微小伸长或压缩变形的仪器称为引伸计。依据测力原理不同，可分为机械（杠杆式、蝶式）引伸计、电子式（应变片式）引伸计等。它一般由感受变形、传递放大和显示三个部分组成。感受变形部分直接与试件表面接触感受试件变形，传递放大部分把所感受到的变形加以放大并传递，显示部分则显示或记录经放大后的变形量。

引伸计所感受到的总是试件上某一长度内所发生的平均线应变，这一长度称为引伸计的标距，一般以 0.5~3.0mm 为小标距，3.0~25mm 为中标距，25mm 以上为大标距。下面介绍常用的几种引伸计。

（1）杠杆式引伸计

杠杆式引伸计是利用杠杆放大原理来实现对微小变形的测量，如图 2.10 所示，固定刀刃 2 与主体 1 固结在一起，它与活动刀刃 3 的距离是引伸计的标距 l。使用时，把两个刀刃 2、3 与试件相接触，将其夹持在试件上，与试件不产生滑动。试件变形带动刀刃 3 绕其上端（V 形槽）转动。刀刃 3 与杠杆 4 为一整体，它们一起转动的同时又带动 T 形连杆 5，并推动指针 6 绕其支轴 7 转动。经过这一系列的杠杆放大，指针便在标尺 8 上显示出 ΔA 读数，即

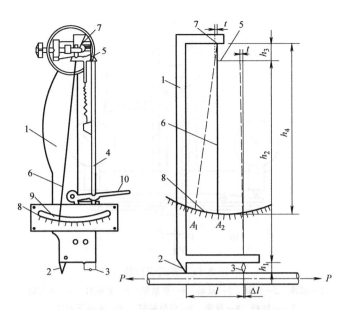

图 2.10　杠杆式引伸计外观及工作原理图

1—主体　2—固定刀刃　3—活动刀刃　4—杠杆　5—T 形连杆　6—指针　7—支轴　8—标尺　9—镜子　10—锁杆

$$\Delta A = A_2 - A_1$$

由杠杆 4 的微小转动，得

$$\frac{t}{h_2} = \frac{\Delta l}{h_1} \tag{2.2}$$

由指针 6 的转动，得

$$\frac{t}{\Delta A} = \frac{h_3}{h_4} \tag{2.3}$$

从式 (2.2)、式 (2.3) 中消去 t，得

$$\Delta l = \frac{h_1 h_3}{h_2 h_4} \Delta A = \frac{\Delta A}{K} \tag{2.4}$$

K 为放大倍数，由引伸计的构造尺寸（h_1、h_2、h_3 和 h_4 等）经检验而定。因此每个引伸计都有确定的放大倍数。K 值的允许误差为 ±1%。使用一定时期后，由于磨损等原因，引伸计的尺寸也会有些变化，还需要重新校验以保证精度。

（2）蝶式引伸计

蝶式引伸计属机械接触式引伸计，主要用来测量金属材料和某些非金属材料在受力过程中的位移和应变，通过换算便可求得材料的弹性模量，还可用于钢筋张拉工艺中的变形控制。

蝶式引伸计主要由左主体、右主体、左标杆、右标杆、上刀口及活动下刀口、夹紧架等组成，配用两只量表（千分表或百分表），如图 2.11 所示。

从图 2.11 可以看出，当蝶式引伸计上、下刀口紧卡在试件上时，试件受力所产生的轴向位移使活动刀口绕中点（铰支承）转动，由于杠杆比为 1∶1（活动下刀口到铰支承的距离与千分表到铰支承的距离相等），顶动千分表后便能反映出轴向位移数值。设引伸计夹持

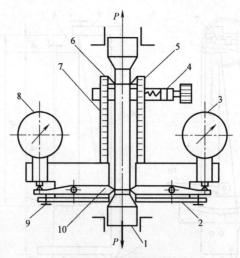

图 2.11 蝶式引伸计

1—试件　2—底板　3—量表　4—夹紧架　5—右标杆　6—上刀口

7—左标杆　8—量表　9—定位螺钉　10—活动下刀口

在试件上时，活动下刀口与上刀口间的标距为 l，在力 P 作用下两刀口之间的变形为 Δl，若此时千分表的读数为 B，则从千分表刻度读出的变形为

$$B = K\Delta l \tag{2.5}$$

即有

$$\Delta l = \frac{B}{K} \tag{2.6}$$

式中　K——千分表放大系数（$K = 1000$）。

因此在外力作用下，试件的微小变形可通过引伸计的千分表放大后读出，再换算成真实的变形。

（3）电子引伸计

电子式引伸计主要由带刀刃的变形传递杆、弹性元件、电阻应变片、标距调整机构及固定夹具组成。常用的电子引伸计按标距大小，分为标距 50mm、标距 25mm 等不同规格。图 2.12 所示是一种常见的夹式电子引伸计的原理图。

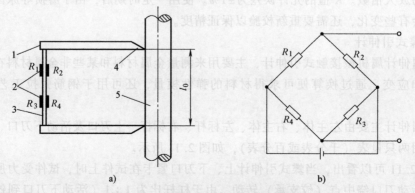

图 2.12 夹式电子引伸计结构原理图

1—变形传递杆　2—电阻应变片　3—弹性元件　4—刀刃　5—试样

引伸计的弹性元件上粘贴有 4 枚电阻应变片。这 4 枚电阻应变片组成全桥测量电路，如图 2.12b 所示。测量时，引伸计的刀刃与试样接触，两刀刃间的初始距离 l_0 称为原始标距。当刀刃间距随着试样的伸长而变化时，变形传递杆带动弹性元件发生弯曲变形，粘贴在弹性元件上的电阻应变片感受到变形，使测量电桥产生输出信号。信号的大小与刀刃间的伸长量成正比。经测量电路调理和放大并经 A/D 转换后，进行数据采集与处理，最终以变形（伸长量）的方式反映出来。图 2.13a、b 分别为电子引伸计外观图与安装图。

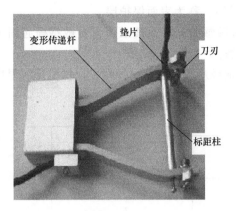 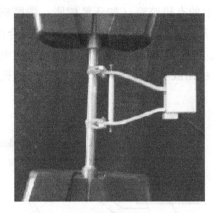

a) 外观图　　　　　　　　　　　　　　　　　　b) 安装图

图 2.13　电子引伸计外观图和安装图

2.3　应力应变的测试方法和原理

在力学实验中，不能直接测量应力，一般是先测量应变，再根据应力-应变关系计算应力。

应用电阻应变片作为传感元件，测量应变、应力及相关的物理量，是一种常见的实验应力分析法。其基本测试原理如下：将电阻片粘贴在被测构件表面上，当构件受力变形时，应变片的电阻值将发生相应的变化，利用电阻应变仪将该电阻的变化转换成电信号并放大，然后显示出应变值，再根据应力-应变关系，将测得的应变值换算成应力值，达到对构件进行实验应力分析的目的。通常把这种方法称为电测法。

电测法具有测量灵敏度和精度高、测量范围广、频率响应好、轻便灵活、能在特殊环境下进行测量、便于与计算机连接并进行数据采集与处理，以及可制成各种传感器等特点，因此被广泛采用。

1. 电阻应变片的分类及构造

应变片的分类方法较多，通常根据敏感栅材料、形状、数量，应变片的标距、基底、工作温度和用途等分类。常见的有以下几种分类方法：按敏感栅所用材料，可分为金属栅和半导体栅两大类；按敏感栅形状，可分为绕线式、箔式和短接式；按敏感栅数量，可分为单轴应变片和多轴应变片（又称应变花）；按敏感栅标距，可分为短标距、中标距和长标距三种；按基底材料，可分为胶基、纸基、金属基和其他（玻璃纤维、云母等）基底几种；按使用温度，可分为常温片、中温片、高温片和低温片。此外，还有一些特殊用途的应变片，如测应力集中应变片、残余应力测量片、水下应变片、裂纹扩展片、测温片等。下面介绍几种常用的电阻应变片。

（1）金属丝绕式电阻应变片

这种应变片的构造如图 2.14 所示，主要由 4 部分组成。

① 敏感栅：一般采用 0.01~0.05mm 镍铬合金或镍合金的电阻丝绕制成栅状，称为敏感栅。敏感栅是电阻应变片的核心组成部分，它的特性对电阻应变片的性能有决定性的影响。

② 覆盖层：为了避免潮湿短路、机械损坏和高温氧化，在敏感栅上面会涂一层与基体材料类似的有机胶液（如环氧树脂、酚醛树脂等），称为表面保护层。

③ 基底：电绝缘有机材料，利用黏合剂将敏感栅黏接在其上面，对敏感栅起固定、支撑作用，并实现敏感栅与被测试件之间的电绝缘。

④ 引出线：用直径为 0.1~0.2mm 的镀银铜线从敏感栅引出导线，以供测量时焊接导线之用。

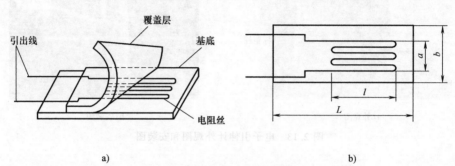

a)   b)

图 2.14　金属丝绕式电阻应变片

这类应变片敏感栅的横向部分呈圆弧形，其横向效应较大，故测量精度较差，而且端部圆弧部分制造困难，形状不易保证，同一批片中，其性能分散性较大，且由于耐温、耐湿性能不好，现已被其他类型的应变片所取代。

（2）金属箔式应变片

这种应变片的敏感栅是用厚度为 0.002~0.008mm 的铜镍合金或镍铬合金的金属箔，采用刻制、制版、光刻及腐蚀等工艺过程而制成，简称箔式应变片，如图 2.15 所示。由于制造工艺自动化，可大量生产，从而降低了成本，而且还能把敏感栅制成各种形状和尺寸的应变片，尤其可以制造栅长很小的应变片，以适应不同测试的需要。箔式应变片还具有以下诸多优点：制造过程中敏感栅的横向部分能够做成较宽的栅条，减小了横向效应，由于栅箔薄而宽，因而粘贴牢固，整体散热性能好，疲

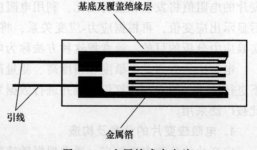

图 2.15　金属箔式应变片

劳寿命长，并能较好地反映构件表面的变形，使其测量精度高，同一批量应变片性能比较稳定可靠。因此，箔式应变片在工程上得到广泛的使用。

图 2.14 和图 2.15 均属于单轴式应变片，即一个基底上只有一个敏感栅，用于测量沿栅轴方向的应变。

当在同一基底上按一定角度布置了几个敏感栅时，可测量同一点沿几个敏感栅栅轴方向

的应变，因而称为多轴应变片，俗称应变花。应变花主要用于测量平面应力状态下一点的主应力和主方向。常见的应变花有直角应变花、等角应变花和 45°应变花等。两敏感栅轴线互相垂直，称为直角应变花；三敏感栅轴线互成 120°角，称为等角应变花；两敏感栅轴线互相垂直，另一敏感栅轴线在它们的分角线上，称为 45°应变花。图 2.16 是几种常见的金属箔式应变花。

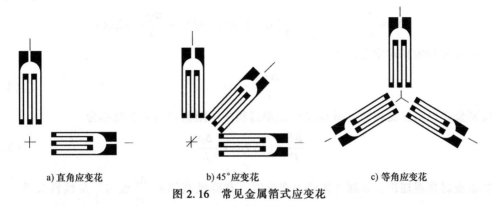

a) 直角应变花　　　　　　　b) 45°应变花　　　　　　c) 等角应变花

图 2.16　常见金属箔式应变花

（3）半导体电阻应变片

半导体应变片（见图 2.17）的敏感栅为半导体材料（如硅、磷化镓等），当半导体材料受到机械应力作用时，其电阻率会发生较大的变化，这种性质称为半导体的压阻效应。半导体应变片灵敏度高，用数字欧姆表就能测出其电阻变化，因此可作为高灵敏度传感器的理想敏感元件。

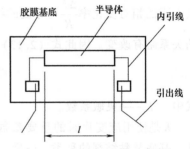

图 2.17　半导体电阻应变片

2. 电阻应变片工作原理

为了了解电阻应变片的工作原理，首先来考查金属导线的电阻应变效应，即电阻值随导线的变形（伸长或缩短）而发生改变的一种物理现象。

由物理学基本公式可知，电阻值 R、电阻丝长度 l、截面积 A、金属丝的电阻率 ρ 之间的关系为

$$R = \rho \frac{l}{A} \tag{2.7}$$

当导线沿其轴线方向受力而发生变形时，金属丝的长度 l、横截面积 A 和电阻率 ρ 都将变化，其电阻值也随之发生变化，即产生"电阻应变效应"。将式（2.7）两边取对数并求导后可导出电阻值的相对变化率为

$$\frac{\Delta R}{R} = \frac{\Delta \rho}{\rho} + \frac{\Delta l}{l} - \frac{\Delta A}{A} \tag{2.8}$$

式中　$\dfrac{\Delta l}{l}$——金属丝导线长度的相对变化率。

$\dfrac{\Delta l}{l}$ 可用应变 ε 表示，即

$$\frac{\Delta l}{l} = \varepsilon \tag{2.9}$$

式（2.8）中的 ΔA 是导线截面积的改变。对于直径为 ϕ 的金属电阻丝，其变形后的直径 ϕ_1 为

$$\phi_1 = \phi(1-\mu\varepsilon) \tag{2.10}$$

式中 μ——金属丝材料的泊松比。

横截面积的改变为

$$\Delta A = \frac{\pi}{4}(\phi_1{}^2 - \phi^2) = \frac{\pi}{4}[\phi^2(1-\mu\varepsilon)^2 - \phi^2] \approx \frac{\pi\phi^2}{4}(-2\mu\varepsilon) \tag{2.11}$$

于是，横截面积的相对变化率为

$$\frac{\Delta A}{A} = -2\mu\varepsilon \tag{2.12}$$

由此得到金属电阻丝受拉伸（或压缩）变形过程中电阻值的相对变化率为

$$\frac{\Delta R}{R} = (1+2\mu)\varepsilon + \frac{\Delta\rho}{\rho} \tag{2.13}$$

根据金属物理理论，金属导线受力变形时，在弹性范围内 $\dfrac{\Delta\rho}{\rho}$ 也与 $\dfrac{\Delta l}{l}$ 呈线性关系，因而其电阻的相对变化率 $\dfrac{\Delta R}{R}$ 与导线的线应变 ε 成正比，导线进入塑性后，$\dfrac{\Delta\rho}{\rho}$ 近似为常量，它们的关系略有改变。因此式（2.13）可写成

$$\frac{\Delta R}{R} = K\varepsilon \tag{2.14}$$

式中 K——灵敏系数。

K 是使用应变片时的重要参数，它受到多种因素的影响，如敏感栅的材料、形式和尺寸，基底及黏结剂的种类、厚度，温度的变化等。其数值无法由理论精确求得，制造厂家用专门设备抽样标定，并在包装上注明平均名义值和标准误差。

式（2.14）表明粘贴在构件上的电阻片，在金属电阻受拉伸（或压缩）变形时，其电阻变化率 $\dfrac{\Delta R}{R}$ 与其感受的应变值 $\dfrac{\Delta l}{l}$ 成正比，这一物理现象称为金属电阻丝的应变-电阻效应，这是电阻应变测试的物理基础。电阻应变片就是利用这一规律，采用在变形过程中能够较好地产生电阻变化的材料，将应变信号转换为电信号。

3. 测量电路

（1）惠斯通电桥

应变片的作用是将应变转换成应变片的电阻变化。但是，在构件的弹性变形范围内，这个电阻变化量是很小的，必须采用适当的办法检测应变片阻值的微小变化。测量电路的作用就是将应变片的阻值变化转化为电压（或电流）信号。这种电信号是很微弱的，需用电子放大器放大，然后再由指示仪表或记录器显示、记录。

电阻应变测量电路有很多种，最常用的是桥式电路。桥式电路根据其供电电源的类型又可分为直流电桥和交流电桥两种。下面主要以直流电桥（惠斯通电桥）为例介绍桥式电路的工作原理，如图2.18所示。

图中 R_1、R_2、R_3、R_4 分别是四个桥臂 AB、BC、CD、DA 上的电阻，U_{AC} 为 A、C 两端

接的直流电源的电压，节点 B、D 为电桥的输出端，输出
电压为 U_{BD}。

由欧姆定律可知，流经电阻 R_1、R_4 的电流 I_1 和 I_2 分别为

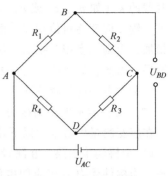

图 2.18 惠斯通电桥

$$I_1 = \frac{U_{AC}}{R_1 + R_2}, \quad I_2 = \frac{U_{AC}}{R_3 + R_4}$$

则 R_1 和 R_4 两端的电压降分别

$$U_{AB} = I_1 R_1 = \frac{R_1}{R_1 + R_2} U_{AC}$$

$$U_{AD} = I_2 R_4 = \frac{R_4}{R_3 + R_4} U_{AC}$$

所以，B、D 端的输出电压为

$$U_{BD} = -U_{AB} + U_{AD} = -\frac{R_1}{R_1 + R_2} U_{AC} + \frac{R_4}{R_3 + R_4} U_{AC}$$

$$= \frac{-R_1 R_3 + R_2 R_4}{(R_1 + R_2)(R_3 + R_4)} U_{AC} \tag{2.15}$$

从式 (2.15) 可以看出，当 $R_1 R_3 = R_2 R_4$ 时，$U_{BD} = 0$，即电桥平衡。

设电桥四个桥臂的电阻改变量分别为 ΔR_1、ΔR_2、ΔR_3 和 ΔR_4，由式 (2.15) 可知电桥输出电压为

$$U_{BD} = \frac{-(R_1 + \Delta R_1)(R_3 + \Delta R_3) + (R_2 + \Delta R_2)(R_4 + \Delta R_4)}{(R_1 + \Delta R_1 + R_2 + \Delta R_2)(R_3 + \Delta R_3 + R_4 + \Delta R_4)} U_{AC} \tag{2.16}$$

将 $R_1 R_3 = R_2 R_4$ 代入式 (2.16)，且由于 $\Delta R_i \ll R_i$（$i = 1, 2, 3, 4$），可忽略高阶小量，故可得

$$U_{BD} = \frac{R_1 R_2}{(R_1 + R_2)^2} \left(-\frac{\Delta R_1}{R_1} + \frac{\Delta R_2}{R_2} - \frac{\Delta R_3}{R_3} + \frac{\Delta R_4}{R_4} \right) U_{AC} \tag{2.17}$$

如果采用等臂电桥，即 $R_1 = R_2 = R_3 = R_4 = R$，则式 (2.17) 可写为

$$U_{BD} = \frac{U_{AC}}{4} \left(-\frac{\Delta R_1}{R_1} + \frac{\Delta R_2}{R_2} - \frac{\Delta R_3}{R_3} + \frac{\Delta R_4}{R_4} \right) \tag{2.18}$$

若电桥中四个桥臂上的 R_1、R_2、R_3、R_4 分别为贴在构件上的四个电阻应变片，如果应变片的灵敏系数相同，则可将式 (2.14) 代入式 (2.18) 得

$$U_{BD} = -\frac{U_{AC} K}{4} (\varepsilon_1 - \varepsilon_2 + \varepsilon_3 - \varepsilon_4) \tag{2.19}$$

式中 ε_1、ε_2、ε_3、ε_4——构件在四个应变片粘贴处的相应应变值。

式 (2.19) 是电阻应变片的基本关系式。它表明由应变片感受到的 $(\varepsilon_1 - \varepsilon_2 + \varepsilon_3 - \varepsilon_4)$，通过电桥可以线性地转变为电压的变化，只要对输出电压 U_{BD} 进行标定，就可以用仪表指示出所测定的 $(\varepsilon_1 - \varepsilon_2 + \varepsilon_3 - \varepsilon_4)$。式中还表明各桥臂电阻的相对增量（或应变 ε）对电桥输出电压的影响是线性叠加的，但叠加的方式是，相邻桥臂符号相异，相对桥臂符号相同。由于式中 ε 是代数式，其符号由变形方向决定，通常拉应变为正，压应变为负。可以看出，相

邻两臂的 ε（如 ε_1、ε_2 或 ε_3、ε_4）符号一致时，根据式（2.19）两者应变相抵消，如符号相反，则二应变绝对值相加。而相对两臂的 ε（如 ε_1、ε_3 或 ε_2、ε_4）符号一致时，其绝对值相加，否则二者相互抵消。显然，不同符号的应变按照不同的顺序组桥，会产生不同的测量效果。因此，灵活应用式（2.19）正确布线和组桥，可提高测量灵敏度和减小误差，这种作用称为电桥的加减特性。

（2）几种常见的桥路接法

在应变测量中常采用以下几种方法将应变片接入电桥。

1）全桥测量电路。在测量时，将粘贴在构件上的四个相同规格的应变片同时接入测量电桥，当构件受力后相应的电阻变化为 ΔR_1、ΔR_2、ΔR_3 和 ΔR_4，则相应的输出电压为式（2.18）和式（2.19），即

$$U_{BD} = -\frac{U_{AC}}{4}\left(\frac{\Delta R_1}{R_1} - \frac{\Delta R_2}{R_2} + \frac{\Delta R_3}{R_3} - \frac{\Delta R_4}{R_4}\right) = -\frac{U_{AC}K}{4}(\varepsilon_1 - \varepsilon_2 + \varepsilon_3 - \varepsilon_4)$$

2）半桥测量电路。在 AB 和 BC 两个桥臂上接入参与机械变形的应变片，其他两个桥臂上接不参与机械变形的固定电阻（$R_3 = R_4$），则电桥的输出电压与桥臂电阻变化之间的关系为

$$U_{BD} = -\frac{U_{AC}}{4}\left(\frac{\Delta R_1}{R_1} - \frac{\Delta R_2}{R_2}\right) = -\frac{U_{AC}K}{4}(\varepsilon_1 - \varepsilon_2) \tag{2.20}$$

3）1/4 桥测量电路。在 AB 桥臂上接入参与机械变形的应变片，其他桥臂接不参与机械变形的固定电阻，则电桥的输出电压与桥臂电阻变化之间的关系为

$$U_{BD} = -\frac{U_{AC}}{4}\frac{\Delta R_1}{R_1} = -\frac{U_{AC}K}{4}\varepsilon_1 \tag{2.21}$$

（3）温度补偿

粘贴在构件上的应变片，其电阻值一方面随构件变形而变化，另一方面，当环境温度变化时，应变片丝栅的电阻值也将随温度改变而变化。同时，由于应变片的线膨胀系数与构件的线膨胀系数不同也将引起应变片电阻值发生变化。这种因环境温度变化引起的应变片电阻值变化，其数量级与应变引起的电阻变化相当。这两部分电阻变化同时存在，使测得的应变值中包含了温度变化的影响而引起的虚假应变，会带来很大误差，不能真实反映构件因受力引起的应变，因此，在测量中必须消除温度变化的影响。

消除温度影响的措施是温度补偿。一般温度补偿的方法是采用桥路补偿法，它是利用电桥的加减特性来进行补偿的。桥路补偿法可分为以下两种。

1）补偿块补偿法。以图 2.19 所示为例，把粘贴在受力构件上的应变片称为工作片，以相同阻值的应变片贴在材料和温度都与构件相同的补偿块上，作为 R_2，称为补偿片。R_3 和 R_4 为仪器内部的标准电阻。此时，工作片的应变为

$$\varepsilon_1 = \varepsilon_{1P} + \varepsilon_t \tag{2.22}$$

式中　ε_{1P}——载荷引起的应变；

ε_t——温度变化引起的应变。

而补偿片不受力只有温度应变，并且因材料和温度都与构件相同，产生的温度应变也应与构件一样，即补偿片的应变为

$$\varepsilon_2 = \varepsilon_t \tag{2.23}$$

将式（2.22）和式（2.23）代入式（2.19）中得

$$U_{BD} = -\frac{U_{AC}K}{4}\varepsilon_{1P} \tag{2.24}$$

可见在输出电压中已消除了温度的影响。

事实上，按以上接温度补偿片的测量桥路就是 1/4 桥测量电路（也叫单臂测量电路）。必须注意，工作片和温度补偿片的电阻值、灵敏系数及电阻温度系数应相同。

2）工作片补偿法。如图 2.20 所示，这种方法不需要专门的补偿块和补偿片，而是在同一受力构件上粘贴应变片 R_1 和 R_2，分别贴在悬臂梁的受拉区和受压区，并按半桥接线。R_3 和 R_4 为仪器内的标准电阻，构成另一半桥。R_1 和 R_2 应变值分别是

$$\varepsilon_1 = \varepsilon_{1P} + \varepsilon_t \tag{2.25}$$

$$\varepsilon_2 = \varepsilon_{2P} + \varepsilon_t \tag{2.26}$$

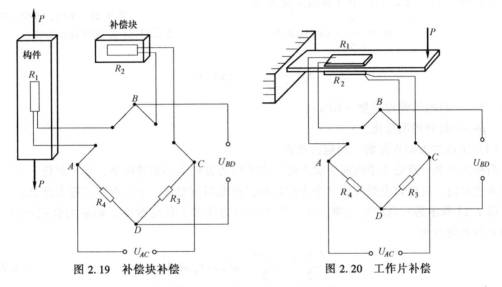

图 2.19　补偿块补偿　　　　　图 2.20　工作片补偿

由悬臂梁同一截面其应变等值异号可将式（2.26）写成

$$\varepsilon_2 = \varepsilon_{2P} + \varepsilon_t = -\varepsilon_{1P} + \varepsilon_t \tag{2.27}$$

R_3 和 R_4 不产生应变，即

$$\varepsilon_3 = \varepsilon_4 = 0 \tag{2.28}$$

将式（2.25）、式（2.27）和式（2.28）代入式（2.19）可得

$$U_{BD} = -\frac{U_{AC}K}{4}(\varepsilon_1 - \varepsilon_2 + \varepsilon_3 - \varepsilon_4) = -\frac{U_{AC}K}{4}(2\varepsilon_{1P})$$

由此可见，工作片补偿法也能消除温度对应变测量的影响。工作片补偿法实际上就是半桥测量电路，所以，在采用相邻半桥测量电路时，由于两枚工作片处在相同温度下，电桥的加减特性自动消除了温度的影响，无须另接温度补偿片。采用全桥测量时，4 个应变片都是工作片，由于它们处在相同的环境温度下，温度对应变片的影响相互抵消，也不需要再另接温度补偿片。

4. 平面应力状态主应力测定原理

（1）单向应力状态

当测点为单向应力状态时，可沿主应力方向贴一应变片，如图 2.21 所示，测出主应变 ε 后，根据应力应变关系求得该点的主应力，即

$$\sigma = E\varepsilon$$

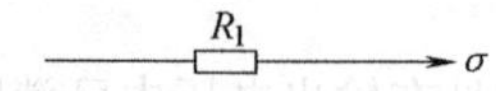

（2）主应力方向已知的二向应力状态

当测点处于二向应力状态，且其两个主应力方向已知时，只要在该点的两个主应力方向贴上应变片，如图 2.22 所示，测出相应的主应变 ε_1 和 ε_2 后，再根据广义胡克定律得

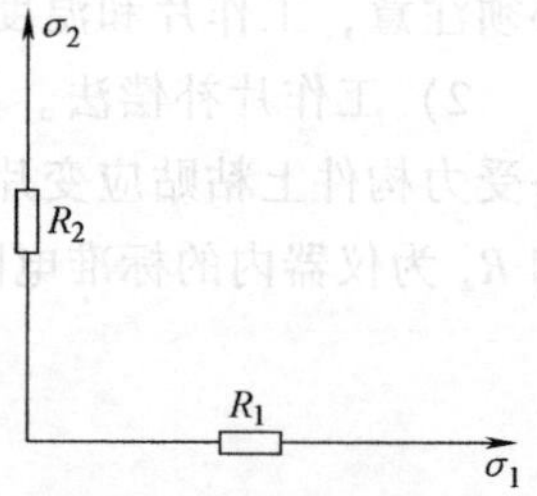

$$\varepsilon_1 = \frac{1}{E}(\sigma_1 - \mu\sigma_2) \tag{2.29}$$

$$\varepsilon_2 = \frac{1}{E}(\sigma_2 - \mu\sigma_1) \tag{2.30}$$

从式（2.29）和式（2.30）中计算出主应力为

$$\sigma_1 = \frac{E}{1-\mu^2}(\varepsilon_1 + \mu\varepsilon_2) \tag{2.31}$$

$$\sigma_2 = \frac{E}{1-\mu^2}(\varepsilon_2 + \mu\varepsilon_1) \tag{2.32}$$

图 2.21　单向应力状态

图 2.22　主应力方向已知的平面应力状态

式中　E——材料的弹性模量（GPa）；

μ——材料的泊松比。

（3）主应力方向未知的二向应力状态

当构件上某一点处于平面应力状态时，在主应力方向未知的情况下，要测量任一点的主应力和主方向，可在该点处任意三个方向粘贴三枚电阻应变片，下面介绍主应力计算。

图 2.23 所示为一点的应力单元体，由平面应力状态下任意截面上的应力公式可知，α 截面上的正应力为

$$\sigma_\alpha = \frac{\sigma_x + \sigma_y}{2} + \frac{\sigma_x - \sigma_y}{2}\cos 2\alpha - \tau_{xy}\sin 2\alpha \tag{2.33}$$

β 截面上的正应力为

$$\sigma_\beta = \sigma_{\alpha+90°} = \frac{\sigma_x + \sigma_y}{2} + \frac{\sigma_x - \sigma_y}{2}\cos[2(\alpha+90°)] - \tau_{xy}\sin[2(\alpha+90°)] \tag{2.34}$$

$$\varepsilon_\alpha = \frac{1}{E}(\sigma_\alpha - \mu\sigma_\beta) \tag{2.35}$$

$$\varepsilon_\alpha = \frac{1}{E}\left[\frac{(1-\mu)(\sigma_x + \sigma_y)}{2} + \frac{(1+\mu)(\sigma_x - \sigma_y)}{2}\cos 2\alpha - (1+\mu)\tau_{xy}\sin 2\alpha\right] \tag{2.36}$$

由上式可以看出，对于构件上的一点，若在 α 方向布置一应变片，可测得线应变 ε_α，即得到包含三个未知应力 σ_x、σ_y、τ_{xy} 的一个方程。同理，在该点沿 θ、ϕ 方向粘贴两枚应变片（见图 2.24），可得另两个方程

$$\varepsilon_\theta = \frac{1}{E}\left[\frac{(1-\mu)(\sigma_x + \sigma_y)}{2} + \frac{(1+\mu)(\sigma_x - \sigma_y)}{2}\cos 2\theta - (1+\mu)\tau_{xy}\sin 2\theta\right] \tag{2.37}$$

$$\varepsilon_\phi = \frac{1}{E}\left[\frac{(1-\mu)(\sigma_x + \sigma_y)}{2} + \frac{(1+\mu)(\sigma_x - \sigma_y)}{2}\cos 2\phi - (1+\mu)\tau_{xy}\sin 2\phi\right] \tag{2.38}$$

联立求解方程（2.36）、（2.37）和（2.38），可得到用 ε_α、ε_θ 和 ε_ϕ 表示的 σ_x、σ_y、τ_{xy}，再根据主应力和主应力方向公式

$$\left.\begin{array}{c}\sigma_1\\\sigma_2\end{array}\right\} = \frac{\sigma_x+\sigma_y}{2} \pm \sqrt{\left(\frac{\sigma_x-\sigma_y}{2}\right)^2+\tau_{xy}^2} \tag{2.39}$$

$$\tan2\alpha_0 = -\frac{2\tau_{xy}}{\sigma_x-\sigma_y} \tag{2.40}$$

便可求出该点的主应力及其方向。

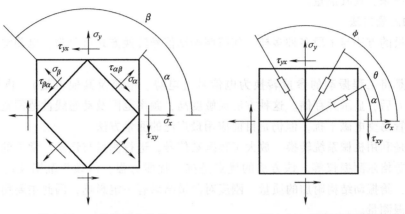

图 2.23　一点的应力状态　　　　图 2.24　应变花布置

根据以上原理，若采用 45°应变花如图 2.25 所示，沿三枚应变片的轴线测出三个方向的应变 $\varepsilon_{0°}$、$\varepsilon_{45°}$、$\varepsilon_{90°}$ 后，代入式（2.39）、式（2.40）得主应力值及其方向为

$$\left.\begin{array}{c}\sigma_1\\\sigma_2\end{array}\right\} = \frac{E}{2}\left[\frac{\varepsilon_{0°}+\varepsilon_{90°}}{1-\mu} \pm \frac{\sqrt{2}}{1+\mu}\sqrt{(\varepsilon_{0°}-\varepsilon_{45°})^2+(\varepsilon_{45°}-\varepsilon_{90°})^2}\right] \tag{2.41}$$

$$\alpha_0 = \frac{1}{2}\arctan\frac{2\varepsilon_{45°}-\varepsilon_{0°}-\varepsilon_{90°}}{\varepsilon_{0°}-\varepsilon_{90°}} \tag{2.42}$$

三轴等角应变花如图 2.26 所示，主应力及其方向计算公式为

$$\left.\begin{array}{c}\sigma_1\\\sigma_2\end{array}\right\} = \frac{E}{3}\left[\frac{\varepsilon_{0°}+\varepsilon_{60°}+\varepsilon_{120°}}{1-\mu} \pm \frac{\sqrt{2}}{1+\mu}\sqrt{(\varepsilon_{0°}-\varepsilon_{60°})^2+(\varepsilon_{60°}-\varepsilon_{120°})^2+(\varepsilon_{120°}-\varepsilon_{0°})^2}\right] \tag{2.43}$$

$$\alpha_0 = \frac{1}{2}\arctan\frac{\sqrt{3}(\varepsilon_{60°}-\varepsilon_{120°})}{2\varepsilon_{0°}-\varepsilon_{60°}-\varepsilon_{120°}} \tag{2.44}$$

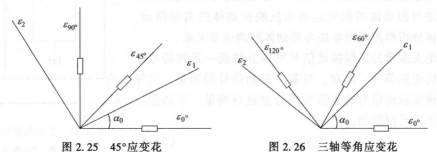

图 2.25　45°应变花　　　　　　图 2.26　三轴等角应变花

2.4 / 振动参量的测量

振动参量的测量主要指在外界或人为激励作用下的位移、速度、加速度等振动物理量的获得，并通过分析进而得到频率、振型、阻尼等动力特性参数，以及随机振动的功率谱密度、相干函数等统计特征。由于位移、速度、加速度等振动参量是随时间变化的物理量，因此其测量难度一般大于静态物理量，需要应用振动传感器、放大器和数据采集系统等组成的动力测试系统来实现其测量。

1. 振动测量方法

振动测量的方法与手段多种多样，如按照振动信号转换方式可分为：电测法、机械法和光学法。

电测法是将工程振动的参量转换为电信号（电势、电流及其他电量），再通过信号采集、调理放大后，显示并存储。这种方法灵敏度高，频率范围及动态线性范围宽，便于分析和遥测，尽管易受电磁干扰，但仍是目前应用最广泛的测量方法。

机械法是利用机械系统转换、放大工程振动信号，进行测量与记录。常见的仪器有杠杆式测振仪、盖格尔测振仪等。该方法的优点是抗干扰能力强，但频率范围及动态线性范围窄。测量时，给振动结构附加的质量、刚度对测量结果有一定影响，因此主要用于低频大振幅振动和扭振测量。

光学法则是利用光杠杆原理、读数显微镜、光波干涉原理、激光多普勒效应进行测量。该方法精度高，适于振动的非接触测量，多应用于精密测量及传感器等的标定。

2. 振动测量系统

由于振动测量要完成振动信号感受、信号转换及分析存储的工作，因此相应测量系统大体可分为振动感受系统、振动激励系统、信号采集放大系统、信号分析及测量控制系统。

（1）振动感受系统

振动测量的感受部分常称为拾振器（或振动传感器）。这部分作为测量系统的基本部分，其性能往往决定了整个系统的性能。目前，拾振器的种类、规格众多，深入了解拾振器的工作原理与技术特性是合理选择拾振器的关键。

1）拾振器工作原理。对于常见的惯性式振动传感器，其最简单的结构模型是一个单自由度的弹簧质量系统，被封闭在一个刚性的盒子中，如图 2.27 所示。在使用时，将拾振器紧密固定在振动体的测点上，从而保证拾振器外壳和振动体一起振动，再通过测量拾振器质量块与振动体的相对运动来反映振动体的实际振动。下面将具体分析拾振器质量块与振动体间的运动关系。

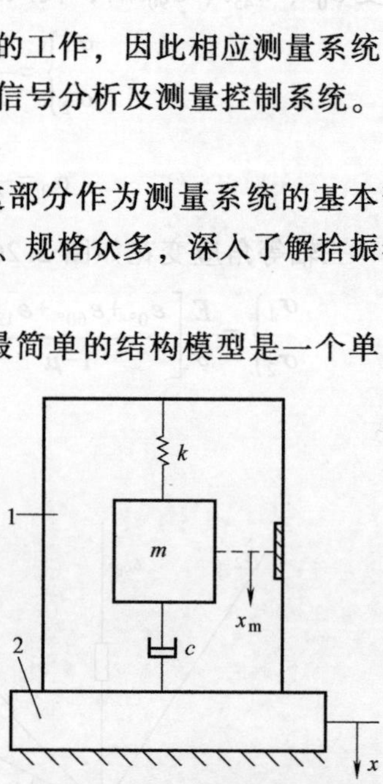

由于绝大多数的工程振动信号可以分解成一系列特定频率和幅值的正弦信号，因此，对某一振动信号的测量，实际上是对组成该振动信号的正弦频率分量进行测量。不妨假设振动体按下列规律振动：

$$x = X_0 \sin\omega t \qquad (2.45)$$

式中 X_0——振动体振幅（mm）；

图 2.27 拾振器简化模型
1—拾振器 2—振动体

ω——振动圆频率。

由于拾振器外壳与振动体固接，因而具有与式（2.45）相同的振动规律。由于质量块所受惯性力与其绝对运动相关，而阻尼力、弹簧力均与质量块相对于外壳的运动相关，因此利用惯性力、阻尼力、弹簧力之间的力平衡关系，可建立质量块的振动微分方程

$$m\,\frac{\mathrm{d}^2(x+x_m)}{\mathrm{d}t^2}+c\,\frac{\mathrm{d}x_m}{\mathrm{d}t}+kx_m=0 \tag{2.46}$$

即有

$$m\,\frac{\mathrm{d}^2 x_m}{\mathrm{d}t^2}+c\,\frac{\mathrm{d}x_m}{\mathrm{d}t}+kx_m=-m\,\frac{\mathrm{d}^2 x}{\mathrm{d}t^2}=mX_0\omega^2\sin\omega t \tag{2.47}$$

式中　x——振动体相对于固定参考系的位移（mm）；

$\quad\quad x_m$——质量块相对于仪器外壳的位移（mm）；

$\quad\quad m$——质量块质量（kg）；

$\quad\quad c$——阻尼（m/s）；

$\quad\quad k$——弹簧刚度（N/mm）。

式（2.47）实际上描述了一个单自由度、有阻尼的强迫振动问题，其通解为

$$x_m=Ae^{-nt}\cos(\sqrt{\omega^2-n^2}\,t+\phi)+X_m\sin(\omega t-\varphi)\quad(n=c/2m) \tag{2.48}$$

式中　φ——相位角；

$\quad A$、ϕ——与初始条件相关的常数。

由于阻尼的存在，第一项中出现了负指数函数，随着时间的增大会迅速衰减；因而只考虑质量块的稳态响应及第二项，其中

$$X_m=X_0\left(\frac{\omega}{\omega_0}\right)^2\bigg/\sqrt{\left[1-\left(\frac{\omega}{\omega_0}\right)^2\right]^2+\left(2\xi\,\frac{\omega}{\omega_0}\right)^2} \tag{2.49}$$

$$\varphi=\arctan\left\{2\xi\,\frac{\omega}{\omega_0}\bigg/\left[1-\left(\frac{\omega}{\omega_0}\right)^2\right]\right\} \tag{2.50}$$

式中　$\xi=c/(2m\omega_0)$——阻尼比；

$\quad\quad \omega_0=\sqrt{k/m}$——弹簧质量系统的固有频率。

将拾振器质量块位移与振动体位移进行比较，即分析拾振器处于位移计状态下的工作情况。此时拾振器的幅频特性和相频特性分别为

$$A_d=\frac{X_m}{X_0}=\left(\frac{\omega}{\omega_0}\right)^2\bigg/\sqrt{\left[1-\left(\frac{\omega}{\omega_0}\right)^2\right]^2+\left(2\xi\,\frac{\omega}{\omega_0}\right)^2} \tag{2.51}$$

$$\varphi=\arctan\left\{2\xi\,\frac{\omega}{\omega_0}\bigg/\left[1-\left(\frac{\omega}{\omega_0}\right)^2\right]\right\} \tag{2.52}$$

而相应的幅频曲线和相频曲线分别如图 2.28 和图 2.29 所示。由图可知，当 $\dfrac{\omega}{\omega_0}$ 较大时，无论阻尼比 ξ 多大，$A_d=\dfrac{X_m}{X_0}$ 都趋近于 1，φ_d 趋近于 180°；即质量块的相对振幅与振动体振幅近似相等，而相位近似相反。因此这种拾振器可以有效地用作高频振动结构的位移计。通过减小弹簧刚度或增加质量的方法来降低拾振器的固有频率，可以扩大这种拾振器的适用范围。

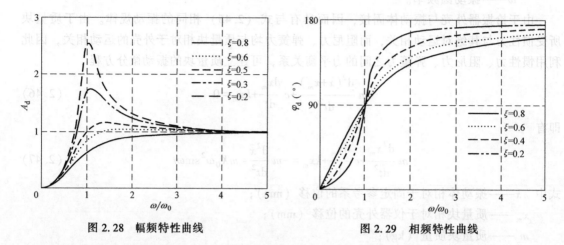

图 2.28 幅频特性曲线   图 2.29 相频特性曲线

进一步考虑拾振器质量块位移相对于振动体加速度的幅频特性和相频特性。根据式 (2.45)，振动体的加速度为

$$a = \frac{d^2 x}{dt^2} = X_0 \omega^2 \sin(\omega t + \pi) = A \sin(\omega t + \pi) \tag{2.53}$$

这里加速度振幅 $A = X_0 \omega^2$。于是拾振器位移与振动体加速度相比的幅频特性和相频特性分别为

$$A_a = \frac{X_m}{A} = 1 \Big/ \left\{ \omega_0^2 \sqrt{\left[1 - \left(\frac{\omega}{\omega_0}\right)^2\right]^2 + \left(2\xi \frac{\omega}{\omega_0}\right)^2} \right\} \tag{2.54}$$

$$\varphi_a = \arctan \left\{ 2\xi \frac{\omega}{\omega_0} \Big/ \left[1 - \left(\frac{\omega}{\omega_0}\right)^2\right] \right\} + \pi \tag{2.55}$$

相应的幅频曲线和相频曲线分别如图 2.30 和图 2.31 所示。由图可知，当 $\frac{\omega}{\omega_0}$ 较小（远小于 1）时，$\omega_0^2 A_a$ 趋向于 1，相位差趋近于 180°；而阻尼、频率的影响可以忽略。即质量块的相对振幅是振动体加速度振幅的 ω_0^2 倍，而相位近似相反。因此这种拾振器可以有效地用作频率较低振动结构的加速度计。通过增加弹簧刚度的方法提高加速度计的固有频率，可扩大适用范围；因此加速度计偏刚性。

综上，无论是加速度计还是位移计都是在一定频段内工作，因而要综合考虑被测对象自身的振动特点及拾振器性能特点，来选择合适的拾振器。

2）拾振器信号转换及技术特性。拾振器在正确地感受到振动体振动后，还需要及时、准确地将加速度信号转换为电信号，送入调理放大器处理。根据信号转换方法的不同，常用的拾振器可分为压电式、压阻式、电容式、电感式、光电式、热电式等。不同类别的拾振器各有优缺点，例如压阻式加速度传感器灵敏度较高，耐冲击、易集成，但容易受温度影响；应变式加速度传感器则是适于低频振动的测量。在常见振动传感器中，压电式加速度传感器因具有测量频率宽、量程大、重量轻、体积小、对被测振动物体影响小和安装方便等优点，成为目前最为广泛使用的振动测量传感器。下面将简单介绍一下压电式加速度传感器的信号转换原理及主要技术指标。

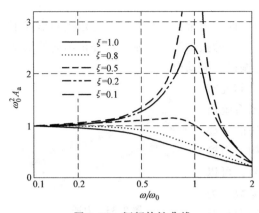

图 2.30　幅频特性曲线

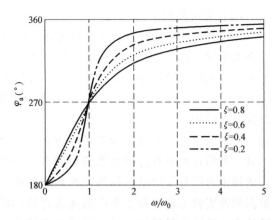

图 2.31　相频特性曲线

压电式传感器信号转换的核心在于其敏感芯体独特的压电性质。这些压电晶体，当沿一定的方向受到外力作用时，内部晶格发生变化，出现极化现象，在晶体的两个表面上会产生异号电荷；当外力去掉以后，就重新回到原来不带电的状态。当作用力方向改变时，电荷的极性也随之改变；且压电晶体产生的电荷量与外力的大小成正比，而力的大小与物体加速度成正比，因此拾振器感受到的振动信号即可转换为相应的电信号。

压电式加速度传感器结构示意图如图 2.32 所示。它的敏感芯体由压电晶片组成，压电晶片两面镀上银层，且银层接引线导出。在压电片上附加一质量块，用硬弹簧夹紧在基座上，并用金属外壳加以密封。在传感器中，质量块的质量小，阻尼小，但刚度大，因此弹簧质量系统的固有频率 $\omega_0 = \sqrt{k/m}$ 很高，甚至可达数千赫兹。由前面的理论分析可知，当振动体频率 $\omega \ll \omega_0$ 时，质量块相对于拾振器外壳的位移成比例地反映了振动体加速度的大小。

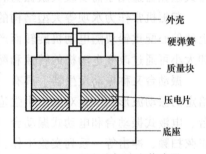

图 2.32　压电式加速度传感器
结构示意图

压电式加速度传感器的主要技术指标有：灵敏度、频率响应、量程、横向灵敏度比等。使用时，需要根据其说明书上的技术指标，并综合考虑被测振动量大小、信号频率范围、现场测试环境等选择适当的型号。表 2.1 给出了国内某公司提供的压电式加速度传感器型号及技术指标，供参考。

表 2.1　压电式加速度传感器

型号	灵敏度/(pC·ms^{-2})	频响/Hz	量程/(m·s^{-2})	横向比/(%)	安装方式	外径×高/(mm×mm)	重量/g
DH105	~200	0.1~1k	5×10^2	≤5	底座 M5	φ40×48	180
DH112	~5	0.5~7k	2×10^4	≤5	底座 M5	φ16×22.5	30
DH132	~0.12	1~20k	8×10^4	≤5	黏结	φ6×5.5	1
DH132A	~0.12	1~20k	1×10^4	≤3	黏结	φ8×6.6	3
DH131	~1	0.5~10k	1×10^4	≤5	底座 M5	φ12×21	6

（2）振动激励系统

在进行振动实验时，为更准确地得到结构动力特性，通常会分析结构在特定激励形式下的振动响应。因此，对于不同的实验，出现了各种不同的振动激励设备，以提供不同的激励方式。常见的激励设备主要有：力锤、激振器、起振机、振动台。

力锤（见图2.33）由锤体、手柄和可调换锤头和配重组成，在锤体和锤头间装有力传感器，可测量被测系统所受锤击力的大小。力锤是瞬态试验方法——锤击法的主要工具。利用这种装有力传感器的力锤击打被测结构，由输入的锤击力信号及测量结构各点的响应加速度信号，可以根据脉冲实验原理和模态理论迅速求得结构模态参数。力锤的大小及锤头材料的选择，需要考虑被测结构的大小及其固有频率。一般来说，为了能调整激励频率的范围，力

图2.33　力锤

锤会使用一套不同材料的锤头。锤头材料越硬，则脉冲持续时间越短，激励频率上限也就越高。此外，控制锤头质量和锤击运动速度可以控制锤击力的大小。

激振器是附加在某些机械结构上用以产生激励力的装置，按激励形式的不同，可分为机械式、电磁式、电液式等。一般来说，机械式激振器多用于低频、大位移振幅的情况，而电液式激振器适用于需要较大激振力和位移的情况。

起振机常作为水坝等大型结构的激振源。安装在测量对象上的起振机，通过直流电动机上的偏心配重铅块随电动机旋转而产生离心力，实现对实验对象的强迫激励。激振力的频率和大小可通过改变电动机的转速和配重来调节。

振动台又称振动发生器，具有一个工作台面。将实验对象置于工作台面上，再由台面按给定的振动波形使实验对象产生强迫振动。从激励方式上，振动台系统可分为：机械式振动台、电液式振动台和电动式振动台。从功能上看，振动台能完成正弦、随机、正弦加随机、正弦扫频、冲击等一系列实验工作，可模拟多种振动环境，在可靠性鉴定、耐久性分析、疲劳分析、材料性能研究等众多方面得到广泛应用。其主要技术指标有最大激振力、最大载荷、最大空载与满载加速度、最大振幅、频率工作范围等。

（3）信号采集放大系统

拾振器中得到的与振动相关的电信号一般都是微弱电信号，需要利用放大器提供适当增益。通过增益后的信号利用数据采集器进行模拟信号到数字信号的转换后，提供给计算机和信号处理软件系统使用。这一系统集成度较高，常为模块化设计。由于一台计算机所能控制的模块数，以及每个模块所拥有的数据采集通道个数均有一定限制，故使用时应加以注意。

（4）信号分析及测量控制系统

系统中，测量控制部分需要自动实现对底部驱动程序、通信协议的控制，能识别系统配置、仪器量程、滤波参数及采样等参数，完成信号的实时采集分析处理。信号分析部分具有曲线图、棒图、瀑布图、X-Y图等多种显示方式，通常可以进行微积分、数字滤波、通道运算等处理，完成相关、概率、频谱、频响、倒谱等实时分析。有的系统还提供了结构模态分析、高阶谱分析、时频分析等功能。

第 3 章　光测方法

测量应力和位移的光学实验方法是一类非接触的全场实验方法，由于该类方法在实验时测试仪器与试件一般没有机械接触，对实验过程中试件不产生力学效应的影响，而且可获取全场信息，因此具有其特有的一些优点。光学实验方法包括光弹性法、激光全息干涉法、散斑干涉法、云纹法和数字图像相关法等。

3.1 / 光 弹 性 法

光弹性法是实验应力分析的主要方法之一。由于构件在拉伸、压缩、弯曲、扭转等基本变形形式下，其应力分布一般与弹性模量、泊松比等材料常数无关。因此，可采用具有双折射性能的透明塑料制成与实物相似的模型，在载荷作用下，用偏振光照射获得干涉条纹图，这些条纹指示了模型边界和内部各点的应力情况，通过计算便能得出构件的应力分布规律，这种方法称为光弹性法。用这种实验方法求得的应力分布规律，对工程设计来说具有足够的精度，它直观性强，可靠性高，适应性广，能求出在各种复杂条件下的全部应力状况。特别是对理论计算较为困难的形状复杂、载荷复杂并有应力集中的构件，光弹性实验更能显示出它的优越性。

1. 光波

根据现代光学理论，人们认为光的能量是以波动的形式传递，或是以粒子流的形式传递的。在光弹性法中，一切光学现象均采用波动理论来解释，即认为光是一种电磁波，它在垂直于传播方向的平面内振动，是一种横波。在光学均匀介质中传播的光波可用正弦波来描述，其表达式为

$$u = a\sin(\omega t + \varphi_0) \tag{3.1}$$

式中　u——光矢量；

　　a——振幅；

　　ω——圆频率；

　　φ_0——初相位；

$\omega t + \varphi_0$——t 瞬时的相位。

如以光程表示，则

$$u = a\sin\frac{2\pi}{\lambda}(vt + \Delta_0) \tag{3.2}$$

式中　λ——光波在介质中的波长（mm）；

　　v——光波在介质中的传播速度（m/s）；

　　Δ_0——$t=0$ 时的光程；

$vt + \Delta_0$——t 瞬时的光程。

2. 偏振光与偏振片

普通光源发出的光波一般为自然光，其振动是杂乱无章的，在垂直于传播方向的平面内沿任意方向振动的概率都是相等的，不表现出方向性。在垂直传播方向的平面内做有规则振动的光，称为偏振光，如果光波只在与传播方向正交的某一个平面内振动，并且振动方向始终不变，则称为平面偏振光，其光矢量端点的轨迹为一条直线。如图 3.1b 所示的是平面偏振光，与振动平面垂直的平面称为偏振面。

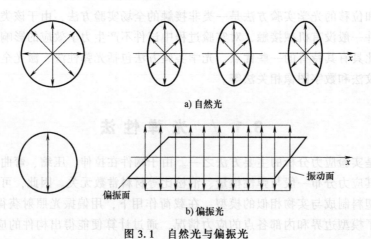

a) 自然光

b) 偏振光

图 3.1　自然光与偏振光

能产生平面偏振光的光学元件称为偏振片。偏振片只允许光波振动方向与偏振轴一致的光矢量通过，而与偏振轴不一致的光矢量就被偏振片阻挡或吸收。在光弹性实验中，常采用偏振轴互相垂直的两块偏振片相配合来产生消光现象，出现暗场。如果两偏振片的偏振轴相互平行，则将出现明场。

3. 双折射

当光波由一种介质射入另一种介质时，会发生折射现象。对于光学各向同性的介质，光学性质在各个方向均相同，光波不论沿哪个方向都以同一速度传播，只有一个折射率，入射时只产生一束折射光。许多晶体的光学性质随方向而异，入射的光束被分解为两束折射光，这种现象称为双折射。根据实验发现，这两束光都是平面偏振光，它们在两个相互垂直的平面内振动，在晶体内的传播速度也不同。其中一束遵守折射定律，称为寻常光；另一束不遵守折射定律，称为非寻常光。有一类被称为光学各向异性晶体，这种晶体具有某一特定的方向，当光束沿此方向入射时，不发生双折射现象，即在此方向只有一个折射率，出射光束仍为一束光，这个方向称为晶体的光轴。从晶体中平行于光轴方向切取的薄片称为波片。当光线垂直射入波片时入射光被分成两束平面偏振光。其中寻常光的振动方向与光轴垂直，而非寻常光的振动方向则沿光轴。由于两束光在波片中的传播速度不同，因此当两光束射出时就产生了光程差，其中寻常光快于非寻常光，对应于寻常光和非寻常光的振动方向分别称为波片的快轴和慢轴，产生光程差为 1/4 个波长的波片叫作 1/4 波片。

天然的各向异性晶体产生双折射现象是固有的，为永久折射。有些各向同性的透明非晶体材料，在其自然状态时不产生双折射现象，但当受有应力作用时，它就表现为各向异性，产生双折射现象，而且其光轴方向与应力方向重合。例如当一束光线垂直入射到受力的塑料模型上时，光将沿主应力 σ_1 及 σ_2 方向分解成两束平面偏振光，其振动方向互相垂直，且传播速度不同，当载荷卸去后，双折射现象也消失，这种现象称为暂时（人工）双折射。环氧树脂塑料、玻璃、聚碳酸酯等都有此性能。

4. 圆偏振光与 1/4 波片

如图 3.2 所示，沿光线传播方向，光波波列上各点光矢量横向振动是一个旋转量，各点光矢量的端点在垂直于传播方向平面内的投影是一个圆，这种偏振光称为圆偏振光。

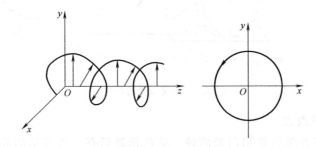

图 3.2　圆偏振光

圆偏振光可通过以下方法产生：由双折射晶体切取一波片，将一束平面偏振光垂直射至波片，光波分解为两束振动方向互相垂直的平面偏振光，其中一束比另一束较快地通过波片。于是，当两束光射出波片时产生一个相位差。这两束振动方向互相垂直的平面偏振光的传播方向一致，频率相同，而振幅可以不等，设其光波方程分别为

$$u_1 = a_1 \sin\omega t \tag{3.3}$$

$$u_2 = a_2 \sin(\omega t + \varphi) \tag{3.4}$$

式中　a_1、a_2——振幅（mm）；

　　　φ——两束光波的相位差。

若相位差恰好为 $\varphi = \pi/2$，则

$$u_2 = a_2 \sin\left(\omega t + \frac{\pi}{2}\right) = a_2 \cos\omega t \tag{3.5}$$

将式（3.3）、式（3.5）分别平方后相加，消去 t，即得合成后的光矢量末端运动轨迹在 x-y 平面内投影方程式，即

$$\frac{u_1^2}{a_1^2} + \frac{u_2^2}{a_2^2} = 1 \tag{3.6}$$

如果 $a_1 = a_2 = a$，则式（3.6）成为圆方程，即

$$u_1^2 + u_2^2 = a^2 \tag{3.7}$$

光路上任一点合成光矢量末端轨迹符合此方程的即为圆偏振光，光矢量端点轨迹是一条螺旋线，如图 3.2 所示。

为了满足产生圆偏振光条件，即射出波片的两束振动方向互相垂直的平面偏振光的振幅相等、相位差为 $\pi/2$，可将一束平面偏振光入射到具有双折射特性的波片，并使入射的平面偏振光振动方向与分解后的相互垂直的两束平面偏振光振动方向各成 45°，则分解后的两束平面偏振光振幅相等，如图 3.3 所示。另外，适当调整波片厚度使射出时两平面偏振光的相位差恰好等于 $\pi/2$，这样就满足了形成圆偏振光的条件，当相位差为 $\pi/2$ 时，即相当于光程差为入射光波长的 1/4（$\Delta = \lambda/4$），此时的波片即为 1/4 波片。

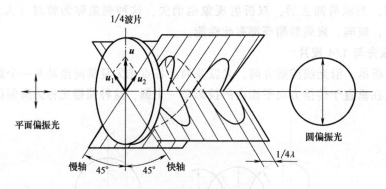

图 3.3　圆偏振光的产生

5. 光弹性法测试原理

光弹性法的光源有单色光和白光两种，单色光是只有一种波长的光；白光则是由红、橙、黄、绿、青、蓝、紫等七种单色光组成的。发自光源的自然光是向四面八方传播的横振动波，当自然光遇到偏振片时，就只有振动方向与偏振轴平行的光线才能通过，这就形成了平面偏振光，其振动方程设为

$$u = A\sin\left(\frac{2\pi}{\lambda}vt\right) \tag{3.8}$$

式中　A——光波的振幅（mm）；

　　　λ——单色光的波长（mm）；

　　　v——光波的传播速度（m/s）；

　　　t——时间（s）。

根据光学原理，偏振光的强度与振幅 A 的平方成正比，即

$$I = KA^2 \tag{3.9}$$

比例常数 K 是一个光学常数。

用具有双折射性能的透明材料（如环氧树脂塑料或聚碳酸酯塑料）制成与实际构件相似的模型，并将它放在平面偏振光场中。当模型不受力时，偏振光通过模型并无变化；如模型受力，且其某一点的主应力为 σ_1 和 σ_2，则偏振光通过这一点时，又将沿 σ_1 和 σ_2 的方向分解成互相垂直、传播速度不同的两束偏振光。由于两束偏振光在模型中的传播速度并不相同，穿过模型后它们之间产生一个光程差 Δ。实验结果表明，Δ 与该单元主应力差 $\sigma_1 - \sigma_2$ 和模型厚度 h 成正比，即

$$\Delta = Ch(\sigma_1 - \sigma_2) \tag{3.10}$$

比例常数 C 与光波波长和模型材料的光学性质有关，称为材料的光学常数。式（3.10）称为应力光学定律。光弹性法的实质，是利用光弹性仪测定光程差 Δ 的大小，然后根据应力光学定律确定主应力差。

（1）平面偏振布置中的光弹性效应

如图 3.4 所示的正交平面偏振布置，用 P 和 A 分别代表起偏镜和检偏镜的偏振轴。把受有平面应力的模型放在两镜片之间，以单色光为光源，光线垂直通过模型。设模型上 O 点的主应力 σ_1 与偏振轴 P 之间的夹角为 ψ（见图 3.5）。

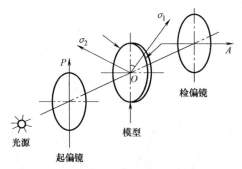

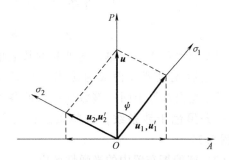

图 3.4　受力模型在正交平面偏振布置中　　　　图 3.5　偏振轴与应力主轴的相对位置

单色光通过起偏镜 P 成为平面偏振光：

$$u = a\sin\omega t \tag{3.11}$$

到达模型上 O 点时，由于模型的暂时双折射现象，沿主应力方向分解成两束平面偏振光

$$\left.\begin{array}{l} u_1 = a\sin\omega t\cos\psi \\ u_2 = a\sin\omega t\sin\psi \end{array}\right\} \tag{3.12}$$

这两束平面偏振光在模型中的传播速度不同。设通过模型后，产生相对光程差 Δ，或相位差 $\delta = \dfrac{2\pi\Delta}{\lambda}$，则通过模型后两束光为

$$\left.\begin{array}{l} u_1' = a\sin(\omega t+\delta)\cos\psi \\ u_2' = a\sin\omega t\sin\psi \end{array}\right\} \tag{3.13}$$

通过检偏镜 A 后的合成光波为

$$u_3 = u_1'\sin\psi - u_2'\cos\psi \tag{3.14}$$

将式（3.13）代入，化简得

$$u_3 = a\sin2\psi\sin\frac{\delta}{2}\cos\left(\omega t+\frac{\delta}{2}\right) \tag{3.15}$$

根据式（3.9）

$$I = K\left(a\sin2\psi\sin\frac{\delta}{2}\right)^2 \tag{3.16}$$

因为 $\delta = \dfrac{2\pi\Delta}{\lambda}$，故用光程差表示时可得

$$I = K\left(a\sin2\psi\sin\frac{\pi\Delta}{\lambda}\right)^2 \tag{3.17}$$

此式说明，光的强度 I 与光程差有关，还与主应力方向和起偏镜光轴之间的夹角 ψ 有关。

现在研究光的强度 $I=0$ 的情况，即从检偏镜后面看到模型上的该点是黑暗的情况。

1) $a=0$，无光矢量，没有实际意义。

2) $\sin2\psi=0$，即 $\psi=0$ 或 $\psi=\pi/2$。这表示该点应力主轴方向与偏振轴方向重合。亦即，凡模型上应力主轴与偏振轴重合的各点，在检偏镜之后，光均将消失而呈现为黑点，这些点的迹线形成干涉条纹，称为等倾线（见图 3.6）。所以等倾线是具有相同主应力方向的点的轨迹，或者说等倾线上各点的主应力方向相同，且为偏振轴的方向。

3）$\sin\dfrac{\pi\Delta}{\lambda}=0$，要满足此条件，只能是 $\dfrac{\pi\Delta}{\lambda}=$ $N\pi$，即 $\Delta=n\lambda$，而 $N=0，1，2，\cdots$。该条件表明，只要光程差 Δ 等于单色光波长的整数倍，在检偏镜之后光也消失而成为黑点。在应力模型中，满足光程差等于同一整数倍波长的各点，将连成一条黑色干涉条纹，这些条纹称为等差线（见图 3.7）。

（2）圆偏振布置中的光弹性效应

在平面偏振布置中，如采用单色光源，则受力模型中同时出现两种性质的黑线，即等倾线和等差线。这两种黑线同时产生，互相影响。为了消除等倾线，得到清晰的等差线图案，以提高实验精度，在光弹性实验中经常采用双正交圆偏振布置（见图 3.8），各镜轴及应力主轴的相对位置如图 3.9 所示。

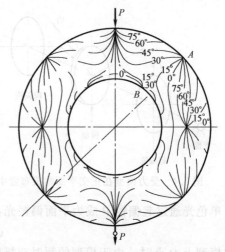

图 3.6 圆环对径受压的等倾线

图 3.7 纯弯曲梁的等差线

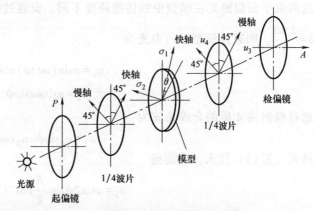

图 3.8 受力模型在双正交圆偏振布置中

单色光通过起偏镜后成为平面偏振光：

$$u=a\sin\omega t \tag{3.18}$$

到达第一块 1/4 波片后，沿 1/4 波片的快、慢轴分解为两束平面偏振光：

$$\left.\begin{array}{l}u_1=a\sin\omega t\cos 45°\\u_2=a\sin\omega t\cos 45°\end{array}\right\} \tag{3.19}$$

通过 1/4 波片后，相对产生相位差 $\delta=\pi/2$，即

$$\left.\begin{array}{l}u_1'=\dfrac{\sqrt{2}}{2}a\sin\left(\omega t+\dfrac{\pi}{2}\right)=\dfrac{\sqrt{2}}{2}a\cos\omega t（沿快轴）\\[2mm]u_2'=\dfrac{\sqrt{2}}{2}a\sin\omega t（沿慢轴）\end{array}\right\} \tag{3.20}$$

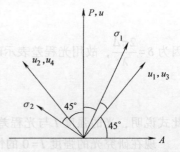

图 3.9 双正交圆偏振布置中各镜轴与应力主轴的相对位置

这两束光合成后即为圆偏振光。设处于此圆偏振布置中的受力模型上 O 点主应力 σ_1 与第一块 1/4 波片的快轴成 β 角。当圆偏振光到达模型上 O 点时，又沿主应力 σ_1、σ_2 的方向分解为两束光波：

$$
\left.
\begin{aligned}
u_{\sigma 1} &= u_1' \cos\beta + u_2' \sin\beta = \frac{\sqrt{2}}{2} a \cos(\omega t - \beta) \quad (\text{沿 } \sigma_1 \text{ 方向}) \\
u_{\sigma 2} &= u_2' \cos\beta - u_1' \sin\beta = \frac{\sqrt{2}}{2} a \sin(\omega t - \beta) \quad (\text{沿 } \sigma_2 \text{ 方向})
\end{aligned}
\right\}
\tag{3.21}
$$

通过模型后，产生一个相位差 δ，得

$$
\left.
\begin{aligned}
u_{\sigma 1}' &= \frac{\sqrt{2}}{2} a \cos(\omega t - \beta + \delta) \\
u_{\sigma 2}' &= \frac{\sqrt{2}}{2} a \sin(\omega t - \beta)
\end{aligned}
\right\}
\tag{3.22}
$$

到达第二块 1/4 波片时，光波又沿此波片的快、慢轴分解为

$$
\left.
\begin{aligned}
u_3 &= u_{\sigma 1}' \cos\beta - u_{\sigma 2}' \sin\beta = \frac{\sqrt{2}}{2} a \left[\cos(\omega t - \beta + \delta) \cos\beta - \sin(\omega t - \beta) \sin\beta \right] \\
u_4 &= u_{\sigma 1}' \sin\beta + u_{\sigma 2}' \cos\beta = \frac{\sqrt{2}}{2} a \left[\cos(\omega t - \beta + \delta) \sin\beta + \sin(\omega t - \beta) \cos\beta \right]
\end{aligned}
\right\}
\tag{3.23}
$$

通过第二块 1/4 波片后，又产生一个相位差 $\pi/2$，得

$$
\left.
\begin{aligned}
u_3' &= \frac{\sqrt{2}}{2} a \left[\cos(\omega t - \beta + \delta) \cos\beta - \sin(\omega t - \beta) \sin\beta \right] \quad (\text{沿慢轴}) \\
u_4' &= \frac{\sqrt{2}}{2} a \left[\cos(\omega t - \beta) \cos\beta - \sin(\omega t - \beta + \delta) \sin\beta \right] \quad (\text{沿快轴})
\end{aligned}
\right\}
\tag{3.24}
$$

最后，通过检偏镜 A 后，得偏振光，考虑到 $\beta = 45° - \psi$，经运算得

$$
u_5 = a \sin\frac{\delta}{2} \cos\left(\omega t + 2\psi + \frac{\delta}{2}\right)
\tag{3.25}
$$

此偏振光的光强与其振幅的平方成正比，即

$$
I = K \left(a \sin\frac{\delta}{2} \right)^2
\tag{3.26}
$$

引入相位差与光程差的关系 $\delta = \dfrac{2\pi\Delta}{\lambda}$，得

$$
I = K \left(a \sin\frac{\pi\Delta}{\lambda} \right)^2
\tag{3.27}
$$

此式表明，光强仅与光程差有关，为使光强 $I = 0$，只要 $\sin\dfrac{\pi\Delta}{\lambda} = 0$，故得

$$
\frac{\pi\Delta}{\lambda} = N\pi, \quad\quad \text{即} \quad \Delta = N\lambda \quad (N = 0, 1, 2, \cdots)
\tag{3.28}
$$

式（3.28）说明，只要在模型中产生的光程差 Δ 为单色光波长的整数倍，则消光成为黑点，这就是等差线的形成条件。可见，加入了两块 1/4 波片后，在圆偏振布置中，能消除等倾线而只呈现等差线图案。

如将检偏镜偏振轴 A 旋转 90°，使之与起偏镜偏振方向平行，即得平行于偏振布置（亮场）。用同样的方法推导，可得到在检偏镜后的光强表达式为

$$I = K\left(a\cos\frac{\pi\Delta}{\lambda}\right)^2 \tag{3.29}$$

令光强 $I=0$，得 $\cos\dfrac{\pi\Delta}{\lambda}=0$，从而有

$$\frac{\pi\Delta}{\lambda}=\frac{m}{2}\pi，\quad 即 \quad \Delta=\frac{m}{2}\lambda \quad (m=1,3,5,\cdots) \tag{3.30}$$

比较式（3.28）和式（3.30）可看出，在双正交圆偏振布置中，发生消光的条件为光程差 Δ 是波长的整数倍，故产生的黑色等差线为整数级，即分别为 0 级、1 级、2 级……而平行圆偏振布置发生消光的条件为光程差 Δ 是半波长的奇数倍，故产生的黑色等差线为半数级，即分别为 0.5 级、1.5 级、2.5 级……

6. 光测弹性仪

光测弹性仪，简称光弹仪，是进行光弹性实验的仪器，在仪器上可以做平面受力模型（或三向冻结模型切片）的光弹性实验。它利用偏振光照射受力的塑料模型，获得清晰的干涉条纹图，通过分析，求得模型上任意一点的主应力大小和方向。

光弹仪的基本构造：

图 3.10 是国产 409—Ⅱ 型光弹仪的光路系统，一般由下列部件组成。

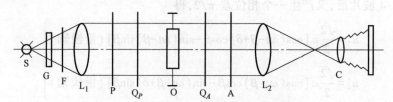

图 3.10　国产 409—Ⅱ 型光弹仪的光路系统

S—光源　G—隔热玻璃　F—滤色片　L_1—准直透镜　P—起偏镜　Q_P、Q_A—1/4 波片

O—加载架、受力模型　A—检偏镜　L_2—视场镜　C—屏幕或相机

1）光源。有白光灯、高压汞灯和钠灯等。白光灯产生白光，白光由红、橙、黄、绿、青、蓝、紫各种色光组成。高压汞灯加滤色片，能获得纯绿的单色光。钠灯产生的单色光为黄光。

2）隔热玻璃。用来吸热，保护其后面的光学元件。

3）滤色片。使光变成单色光波。

4）准直透镜。使光变成平行光，保证光线垂直通过模型。

5）起偏镜与检偏镜。由偏振片制成。靠近光源的偏振片称为起偏镜，它把来自光源的自然光变成平面偏振光；后面的一块偏振片称为检偏镜，用来检验光波通过的情况。当起偏镜与检偏镜的偏振轴互相垂直放置时，称为正交平面偏振布置，此时观察到的光场为暗场。如两镜的偏振轴互相平行放置，则称为平行平面偏振布置，此时观察到的光场为亮场。起偏镜与检偏镜有同步回转机构，能使其偏振轴同步旋转。

6）1/4 波片。产生圆偏振光。第一块 1/4 波片的快、慢轴与起偏镜偏振轴成 45° 角，从而把来自起偏镜的平面偏振光变为圆偏振光。通过这块波片快轴的光波较慢轴的领先 1/4 波

长。第二块 1/4 波片的快轴和慢轴恰好与第一块 1/4 波片的快、慢轴正交，因而可以抵消第一块波片所产生的相位差，将圆偏振光还原为自起偏镜发出的平面偏振光。

7）加载架。使模型受力。工作台面能上下、左右移动，使模型处于光场中。

8）视场镜。使平行光聚焦。

9）屏幕或相机。供观察或摄影用。

3.2　其他光测实验方法简介

光测实验的各种方法中，除了前面介绍的光弹性法外，还有全息光弹性法及全息干涉法、云纹法、散斑干涉法、焦散线法、X 射线法等。本节将对这些方法做简单介绍。

1. 全息光弹性法

全息照相是利用光的干涉将物体光波的全部信息（即振幅和相位）记录在底片上得到全息图，再利用光的衍射，在一定条件下使物体光波再现，得到十分逼真的物体立体像，这种既记录振幅又记录相位的照相称为全息照相。

全息光弹性法是全息照相和光弹性法相结合而发展起来的一种实验方法，即用一束通过检偏镜且与要合成的两束偏振光具有相干性的参考光与两束偏振光在全息底片上进行干涉，从而形成全息图。在全息光弹性法中，用单曝光法能给出反映主应力差的等差线；用双曝光法能给出反映主应力和的等和线。根据测得的等差线和等和线的条纹级数，便可计算出模型内部的主应力分量。

（1）常用的全息光弹性实验方法

1）一次曝光法。在环氧树脂模型受力时，全息干板经一次曝光，则可由平面偏振光场得到等倾线，由圆偏振光场获得同普通光弹性一样的等差线。

2）两次曝光法。在模型受力前后，在同一张干板上两次曝光，把受力前后的两个物体光波记录在干板上，再现时，能看到两物体光波由于状态的不同而产生的干涉条纹，它就是等和线与等差线的组合条纹。

3）实时法。模型未加载时，对干板曝光一次，记录模型原始物光波，干板经过冲洗处理后精确复位，然后对模型加载，并使物光和参考光同时照射干板，于是加载后物光波和原始光波同时出现，互相干涉，形成可直接观察的组合条纹。

4）逆实时法。先使模型加载进行曝光，把全息底片在原位显影、定影后，一方面用参考光照射，使模型受载时的物光再现，同时将模型载荷去掉，使通过不受载模型的物光透过全息底片上并与上述再现物光发生干涉，形成干涉条纹。

（2）全息光弹性法的基本原理

全息光弹性的特点是不仅可以获得等差线，更重要的是可以得到等和线。因此要获得等和线需要用两次曝光法。当用圆偏振光时，则再现像的光强分布为

$$I = 4t_2^2\left[k^2 + 2k\left(\cos\frac{\varphi_1+\varphi_2-2\varphi_0}{2}\cos\frac{\varphi_1-\varphi_2}{2} \right) + \cos^2\frac{\varphi_1-\varphi_2}{2} \right] \tag{3.31}$$

其中　$k = \dfrac{t_1}{t_2}$，$\varphi_0 = \dfrac{2\pi}{\lambda}N_0 d$，$\varphi_1 = \dfrac{2\pi}{\lambda}[N_1 d' + N(d-d')]$，$\varphi_2 = \dfrac{2\pi}{\lambda}[N_2 d' + N(d-d')]$

式中　t_1、t_2——两次曝光时间（s）；

d、d'——受力前、后模型的厚度（mm）；

N——模型周围介质的折射率；

N_0——模型材料的折射率；

N_1、N_2——受力模型两主应力方向上材料的折射率。

此外，还有关系式

$$d'=d-\frac{\mu}{E}(\sigma_1+\sigma_2)d \atop \left. \begin{array}{l} N_1-N_0=A\sigma_1+B\sigma_2 \\ N_2-N_0=A\sigma_2+B\sigma_1 \end{array} \right\} \tag{3.32}$$

则当两次曝光时间相等，即 $t_1=t_2$ 时，式（3.31）为

$$I=4t^2\left\{1+2\left[\cos\frac{\pi d}{\lambda}C(\sigma_1-\sigma_2)\right]\cos\left[\frac{\pi d}{\lambda}(A'+B')(\sigma_1+\sigma_2)\right]+\cos^2\left[\frac{\pi d}{\lambda}C(\sigma_1-\sigma_2)\right]\right\} \tag{3.33}$$

其中，$C=A-B$，$A'=A-\frac{\mu}{E}(\mu_0-N)$，$B'=B-\frac{\mu}{E}(\mu_0-N)$。从式（3.33）可以看出，再现像的光强分布取决于主应力和（$\sigma_1+\sigma_2$）与主应力差（$\sigma_1-\sigma_2$），等值的（$\sigma_1+\sigma_2$）线称为等和线，等值的（$\sigma_1-\sigma_2$）线就是等差线。

现设等和线的条纹级数为 n_p，等差线的条纹级数为 n_σ，则

$$I=4t^2(1^2+2\cos\pi n_\sigma\cos2\pi n_p\cos^2\pi n_\sigma) \tag{3.34}$$

采用两种材料做模型，将式（3.34）中得到的等和线与等差线互相调制的组合条纹分离可得到

$$I=4t^2[2+2\cos2\pi n_p] \tag{3.35}$$

由式（3.35）知，光强仅由（$\sigma_1+\sigma_2$）决定，等差线不存在，故可得等和线。当 n_p 为 0，±1，±2，…时出现亮条纹；当 $n_p=\pm\frac{1}{2}$，$\pm\frac{3}{2}$，…时出现暗条纹。

2. 全息干涉法

全息照相术是一个两步成像法。第一步，使物光光波同另外一个与其相干的光波（称为参考光）在全息底片上相干涉，形成干涉图样，这个干涉图样同时记录了物光的振幅和相位，故称为全息图，这相当于普通照相的摄影过程。第二步，用一束相干光照射在全息图上，光发生衍射，从而把物光再现出来，这相当于普通照相的冲晒过程。由于全息照相术记录了物光的全部信息，故再现的像是立体的。

全息干涉法是用全息照相术获得物体变形前后的光波波阵面相互干涉产生的干涉条纹图，以分析物体变形的一种干涉计量实验技术。在实验应力分析中，全息干涉法可用于位移测量和振动分析。

全息干涉法用于位移测量时通常采用两次曝光法和实时法。

（1）两次曝光法

两次曝光法是用全息照相来测量物体表面位移和变形时最常用的方法。两次曝光法的记录过程就是在同一全息光路布局中，对物体变形前和变形后的状态分别进行曝光，将底片经过显影、定影处理后，放回原光路系统，用原来的参考光再现，这时就有物体变形前后的两

个物光波同时出现。当再现时，则有变形前后的两个物光波由于相位的差异形成干涉条纹，利用这些条纹即可测得物体位移和变形情况。图 3.11 所示为记录位移信息的光路图。

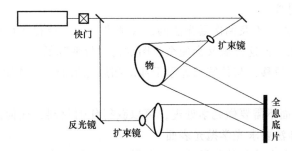

图 3.11　记录位移信息的光路图

设

物体变形前物光光波复振幅为　　$O = O_0(x,y)e^{i\varphi_0(x,y)}$　　　　　　　　(3.36)

物体变形后物光光波复振幅为　　$O' = O_0(x,y)e^{i\varphi(x,y)}$　　　　　　　(3.37)

参考光光波的复振幅　　　　　　　$R = R_0(x,y)e^{i\varphi_r(x,y)}$　　　　　　　(3.38)

则两次曝光的总光强为　　$I = (O^* + R^*)(O+R) + (O'^* + R^*)(O'+R)$

$$= 4R_0^4 O_0^4 \cos^2\left(\frac{\varphi - \varphi_0}{2}\right)$$　　　　　　(3.39)

由式（3.39）可知，在线性记录条件下，反射式两次曝光全息图所记录的干涉条纹光强分别是按余弦函数变化的，而不管参考光与物光之比如何，均可获得最佳的条纹对比度。但从衍射率考虑，参考光强度不宜过大。

（2）实时法

两次曝光法具有简单易行、干涉条纹清晰、可以进行定量分析等优点，但它与实时法相比有无法事先估计变形量的缺点。实时法的光路布置与二次曝光法相同，如图 3.11 所示。它的记录过程是先将物体未变形时的原始状态做一次曝光记录在全息底片上，底片经显影、定影处理后，准确地放回原位，用原物光和参考光照射底片，如果此时物体发生变形，则可实时地观测到再现原始物光与变形后物体的物光互相干涉而形成的条纹，并可用普通照相记录。

设

未变形的物光光波复振幅为　　　　　$O(x,y) = O_0(x,y)e^{i\varphi_0(x,y)}$

变形后的物光光波复振幅为　　　　　$O'(x,y) = O_0(x,y)e^{i\varphi(x,y)}$

到全息底版上参考光光波的复振幅　　$R(x,y) = R_1(x,y)e^{i\varphi_r(x,y)}$

则视场中接收到的总光强为

$$I = O_0^2 \left[R_0^4 + (O_0^2 + R_0^2)^2 + 2R_0^2(O_0^2 + R_0^2)\cos(\varphi - \varphi_0) \right]$$　　(3.40)

由式（3.40）可以看出，光强的分布也是按照余弦函数的规律变化的。

实时法的优点是：在采用实时观察时，随着不同载荷下物体状态的变化，干涉条纹也随着变化，因此我们可以随时调整载荷的大小，分辨条纹增加的方向、零级条纹的位置和条纹变化的规律。

实时法的缺点是：

1）不易使感光处理后的全息底版精确复位。为解决这一困难，可用专用设备，使底版原位冲洗，或采用实时架。

2）条纹的对比度差，不及两次曝光法的条纹清晰。为了获得尽可能高的对比度，可以增大参考光与物光之比，但这样做又会使全息图的衍射效率降低。

用全息干涉法测量位移，与传统的光学干涉法如迈克尔逊干涉法比较，有许多显著的优点，如：

1）对被测物体表面不需要做光学处理，可以获得任何材料、任何形状、任何表面的位移状况。迈克尔逊干涉法要求光学抛光表面。

2）同时得出任意方向的位移矢量的三个分量，是一种三维的方法，而迈克尔逊干涉法得到的是法向位移。

3）对于光学元件的质量和测试方面也没有经典干涉仪那样严格。

4）精度高。可得到在静载、振动、动载、冲击和受热等工作条件下表面各点的位移场或应变场。

3. 云纹法

云纹法（莫尔法）是指把几何排列相似的线和点式物体重叠在一起时，由于光学现象而产生的明暗交错出现的条纹图案，这种条纹称为云纹条纹。而通过分析云纹图案和条纹间距来测量变形量与应变量的方法称为云纹法。用云纹法来测量构件的应变与位移有很多优点：它测量时所使用的设备简单，只需要一般的光源和照相器材；由于它是一种几何干涉法，因此可测量很大的变形，一般到构件破坏以前，只要在不影响条纹观察清晰的温度范围内均可以进行测量；具有全场显示及没有加强效应等优点。其缺点是对微小应变测量缺乏足够的灵敏度和精确度，以及对不可展曲面形状的构件不能进行测量。云纹法包括平行云纹法和转角云纹法，也可分类为普通云纹法、影像云纹法、反射云纹法和云纹干涉法。

平行云纹法是将试件栅和基准栅的栅线与欲测应变方向垂直放置，设试件栅与基准栅的栅距相等，当 $\varepsilon = 0$ 时，无条纹产生。当试件受力变形时，设节距增量 Δa，此时试件的节距变为 $a' = a + \Delta a$。当试件变形后，原来重合的试件栅和基准栅的栅线不重合，导致对光线的阻挡改变。由于栅线有些位置重合有些位置不重合，挡光量最少区域形成亮带，挡光量最多的地方形成黑线。云纹条纹即为这些亮带的黑线，如图 3.12 所示。

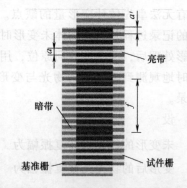

图 3.12 拉伸和压缩时的云纹条纹

相邻的亮带和亮带差 1 个栅线距，相邻亮带和黑线差 1/2 个栅线距。设云纹条纹的间距为 f，则 $f = na$，由几何关系还可得 $f = (n-1)a'$。已知 $\varepsilon = \dfrac{\Delta a}{a}$，联立以上三个式子可得

$$f = \frac{a(1+\varepsilon)}{\varepsilon}, \varepsilon = \frac{a}{f} \tag{3.41}$$

因此，只要测出云纹间距，便可计算出试件的均匀拉伸或压缩应变。

转角云纹法是通过将试件栅和基准栅交叉放置形成云纹，利用变形前云纹与试件栅和基准栅的位置关系以及变形后云纹与栅线的位置关系，找出其中的几何关系，如图 3.13 所示。

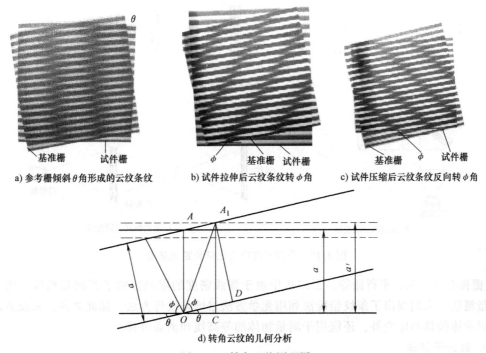

a) 参考栅倾斜 θ 角形成的云纹条纹　　b) 试件拉伸后云纹条纹转 ϕ 角　　c) 试件压缩后云纹条纹反向转 ϕ 角

d) 转角云纹的几何分析

图 3.13　转角云纹原理图

最终得出应变

$$\varepsilon = \frac{\sin(\phi+\theta)}{\sin\phi} - 1 \tag{3.42}$$

除了拉伸和压缩的应变测量外，云纹应变的几何法还可以用来分析切应变，其测量原理如下。已知应变 $\gamma_{xy} = \theta_x + \theta_y$。一开始使试件栅和参考栅平行于 x 轴放置。当试件变形后，由于切应变的发生导致两个栅平行的栅线产生了夹角，如图 3.14 所示。

由于两栅的节距不变，设为 a，可得当变形很小时，$\theta_x \approx \sin\theta = \dfrac{a}{f_x}$。同理可得，当两栅平行于 y 轴放置时，$\theta_y = \dfrac{a}{f_y}$。于是有 $\gamma_{xy} = a\left(\dfrac{1}{f_x} + \dfrac{1}{f_y}\right)$。

对用几何法得到的应变，是基于均匀应变的假设和试件变形较小的情况下，所以是平均应变。但在实际工程问题中，更多的是非均匀应变场以及大变形的测试。此时运用位移场分析法更接近于实际情况。位移场分析法是将变形后的栅线位移与弹性力学公式结合起来求得应变。该方法适合处理大变形、弹塑性这类问题。

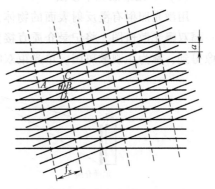

图 3.14　云纹法测切应变原理图

目前关于实验设备中平面云纹应变记录装置，根据测试对象特点，可采用的光路有透射式、反射式和非接触式（见图 3.15）。

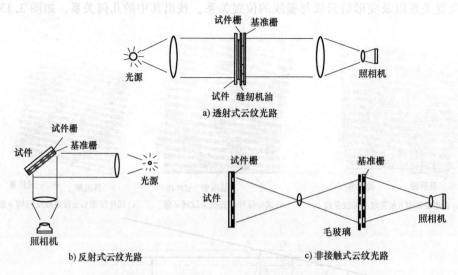

a) 透射式云纹光路

b) 反射式云纹光路

c) 非接触式云纹光路

图 3.15　平面云纹应变记录装置光路图

栅板有正交栅、平行栅等。云纹法中由于栅线密度的限制影响了其测量精度，为了提高测量精度，人们提出了条纹错配法和用光学方法倍增条纹等方法。除此之外，云纹方法除了测量物体位移和应变外，还能用于测量物体的等高线和离面位移。

4. 散斑干涉法

用激光照射有漫反射表面的物体，漫射光在物体表面前方相遇而产生干涉。有些地方光强加强，有些地方光强减弱，从而形成大小、形状、光强都随机分布的亮斑和暗斑，称其为散斑。散斑干涉法用两束光相互叠加展示散斑场。物面变形时，因光程差的变化散斑场也有所变化，在光程差变化为入射光波长整数倍的地方，斑的亮度几乎不变，称为相关，而在其他地方，斑的亮度有所改变，称为不相关。将相关地方形成的条纹显示出来，即可推算出物面位移。根据照射的激光数量可分为单光束散斑干涉法和双光束散斑干涉法。

（1）单光束散斑干涉法

用激光照射有漫反射表面的物体，在变形前和变形后分别对记录介质曝光一次，即得到一幅双曝光散斑图。将记录介质直接置于物体表面记录得到的为客观散斑图。若通过透镜成像得到，称为主观散斑图。单光束双曝光散斑图的记录如图 3.16 所示。

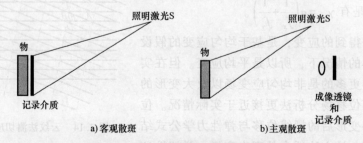

a) 客观散斑

b) 主观散斑

图 3.16　单光束双曝光散斑图的记录

对于单光束曝光散斑图可采取逐点分析法和全场分析法进行分析。

1）逐点分析法。用一束直径很小的激光束照明双曝光散斑图，并在图后放一屏幕（垂直于激光束），这时屏幕上将出现平行的条纹，测量屏幕上条纹的间距和方向，即可得到被激光束照射点的位移的大小和方向，如图 3.17 所示，这种方法就称为逐点分析法。

2）全场分析法。逐点分析法光路简单，计算简便，精度高，可达到微米量级，但不是一个全场的方法。对双曝光散斑图进行全场分析，要用到傅里叶光学有关知识。

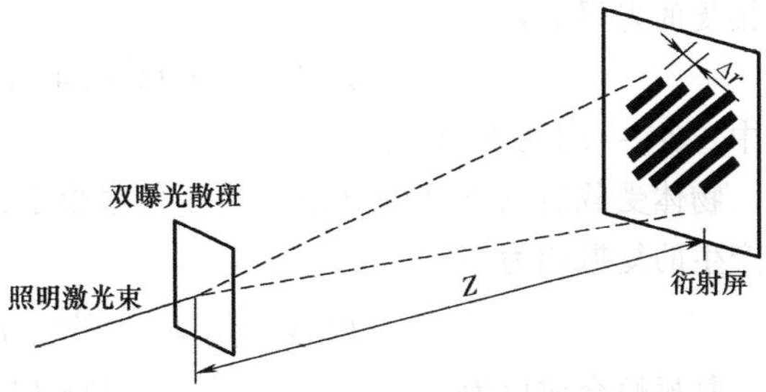

图 3.17　逐点分析法光路

假设第一次曝光时底片上的场复振幅分布为

$$F(x, y)$$

受载变形后，第二次曝光时底片上的场复振幅分布为

$$F(x+u, y+v)$$

其中，u、v 为位移分量，即

$$\boldsymbol{d}(x,y) = u(x,y)\boldsymbol{i} + v(x,y)\boldsymbol{j}$$

则运用傅里叶相移定理，可得到变换平面上的光强分布为

$$I(X_f, Y_f) = 4I_s \cos^2 \frac{\pi}{\lambda f}(\boldsymbol{d} \cdot \boldsymbol{r}) \tag{3.43}$$

式中　　　　　f——变透镜的焦距（mm）；

$\boldsymbol{r} = X_f \boldsymbol{i} + Y_f \boldsymbol{j}$——变换平面的位置矢量；

$I_s = |B(X_f, Y_f)|^2$——单曝光散斑图在变换平面的光强分布。

逐点分析法可以认为是式（3.43）的一个特例，此时位移 $\boldsymbol{d}$ 近似为一个常数，所以在变换平面上能看到平行条纹。若 $\frac{\pi}{\lambda f}(\boldsymbol{d} \cdot \boldsymbol{r}) = n\pi$，即

$$\boldsymbol{d} \cdot \boldsymbol{r} = n\lambda f \tag{3.44}$$

当 $n = 0$，± 1，± 2，…时出现亮条纹；当 $n = \pm\frac{1}{2}$，$\pm\frac{3}{2}$，…时出现暗条纹。位移与条纹级次的关系由式（3.44）可得

$$u = \frac{n\lambda f}{X_f}, \qquad v = \frac{n\lambda f}{Y_f} \tag{3.45}$$

（2）双光束散斑干涉法

用两束光相互叠加展示散斑场。两束照明光被物表面反射在成像平面进行干涉形成散斑图。对未变形和已变形状态，分别在同一记录介质进行一次曝光，即得双曝光散斑图。当物体发生位移后两散斑波前之间相对相位的变化，引起了散斑图的变化，因此在双光束散斑图中含有位移信息。下面以面内位移为例介绍位移信息的提取原理和方法。

设由光束 1 在相机屏上对应于 $P(x, y)$ 点产生的复振幅为

$$F_1(x, y) = A\mathrm{e}^{\mathrm{i}\varphi_1} \tag{3.46}$$

49

式中　A——振幅（mm）；

　　　φ_1——相位。

光束 2 在该点产生的复振幅为 $F_2(x,y)=A\mathrm{e}^{\mathrm{i}\varphi_2}$。在屏上的总振幅为 $F=F_1+F_2$，感光胶片接受的光强 I 为

$$I=F^{*}\cdot F=2A^2+2A^2\cos\beta=2A^2\ (1+\cos\beta) \tag{3.47}$$

式中　β——两光束的相位差。

物体受载后点 P 移到 P' 点，由于位移很小，照片上仍认为是一点，此时光束 1、2 在屏上产生的复振幅为

$$F_1'(x,y)=A\mathrm{e}^{\mathrm{i}(\varphi_1+\delta_1)},\ F_2'(x,y)=A\mathrm{e}^{\mathrm{i}(\varphi_2+\delta_2)}$$

复振幅合成后为　　　　　　　　　　　$F'=F_1'+F_2'$

式中　δ_1、δ_2——物体变形位移引起的相位改变。

假设底片是线性的，则记录的总光强为

$$I_{\mathrm{T}}=2A^2\left[2+2\cos\left(\beta+\frac{\delta}{2}\right)\cos\frac{\delta}{2}\right] \tag{3.48}$$

式中　$\delta=\delta_1-\delta_2=\dfrac{4\pi}{\lambda}u\sin\theta$。

由此可得位移场为

$$u=\frac{n\lambda}{\sin\theta},\ v=\frac{n\lambda}{\sin\theta},\ w=\frac{n\lambda}{2} \tag{3.49}$$

相比全息干涉法，双光束散斑干涉法除了具备全息干涉法的非接触式、可以遥感、直观、能给出全场情况等一系列优点外，还具有光路简单、对实件表面要求度不高、对实验条件要求较低、计算方便、精度可靠、灵敏度可以在一定范围内选择等特点。全息干涉法对面内位移不灵敏，适宜测离面位移，而散斑干涉法更适合测面内位移。

5. 数字图像相关方法

数字图像相关技术被称为数字散斑相关方法或数字图像散斑相关以及电子散斑照相，其本质上属于一种基于现代数字图像处理和分析技术的新型光测技术，是将传统的网格测量方法同计算机视觉跟踪识别技术相结合的无接触、无损伤的图像评估技术，从而能够有效追踪材料形变前后的材料表面的位移。

（1）数字图像相关方法原理

由于斑点的随机性，物体每点周围一个小区域中斑点分布是各不相同的，将此小区域称为子区。数字图像相关方法是在试件变形的过程中，以试件表面随机分布的灰度情况为载体，通过匹配试件变形前后子区图像得到最佳匹配子区，进而获取试样的变形信息。将试件变形前采集所得数字图像称为参考图像，变形后采集所得图像称为目标图像。从参考图像待测点周围选取计算区域，称为参考子区，目标图像中的子区称为目标子区，如图 3.18 所示。

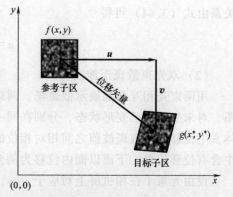

图 3.18　数字图像相关参考子区和目标子区

在参考图像中选取尺寸为 $m \times n$ pixels 的计算区域作为参考子区，设其灰度分布函数为 $f(x, y)$，变形后的目标子区灰度分布函数为 $g(x^*, y^*)$，以子区灰度函数的相关程度为标准，匹配得到测试子区的位移信息。被测试样变形前测试区域内像素点的位置坐标 (x, y) 及该点变形后位置坐标 (x^*, y^*) 有

$$\left.\begin{array}{l} x^* = x + u(x, y) \\ y^* = y + v(x, y) \end{array}\right\} \tag{3.50}$$

其中，$u(x, y)$ 和 $v(x, y)$ 分别表示该点的水平位移分量和竖直位移分量，其表达式称为形函数。基于连续介质力学位移假设，考虑到子区变形不均匀性的影响，子区内一点位移表示为

$$\left.\begin{array}{l} u = u_0 + \dfrac{\partial u}{\partial x} \Delta x + \dfrac{\partial u}{\partial y} \Delta y + \dfrac{1}{2} \dfrac{\partial^2 u}{\partial x^2} (\Delta x)^2 + \dfrac{1}{2} \dfrac{\partial^2 u}{\partial y^2} (\Delta y)^2 + \dfrac{\partial^2 u}{\partial x \partial y} \Delta x \Delta y \\[3mm] v = v_0 + \dfrac{\partial v}{\partial x} \Delta x + \dfrac{\partial v}{\partial y} \Delta y + \dfrac{1}{2} \dfrac{\partial^2 v}{\partial x^2} (\Delta x)^2 + \dfrac{1}{2} \dfrac{\partial^2 v}{\partial y^2} (\Delta y)^2 + \dfrac{\partial^2 v}{\partial x \partial y} \Delta x \Delta y \end{array}\right\} \tag{3.51}$$

在用数字相关方法处理图像时，变形前后的子区匹配是通过相关函数评价变形前后图像的相关性来完成的。根据统计学，相关系数 C 定义为

$$C = \frac{\sum f(x, y) \cdot g(x^*, y^*)}{\sqrt{\sum f^2(x, y) \cdot \sum g^2(x^*, y^*)}} \tag{3.52}$$

当 $C = 1$ 时，两个子区完全相关；当时 $C = 0$，两个子区不相关。或者用相关因子 $S = 1 - C$ 表示，当 $S = 0$ 时，两个子区完全相关；当时 $S = 1$，两个子区不相关。

这样，通过相关因子搜索最匹配的目标子区来求解位移场的问题，即转化为求解相关因子的最小值问题。求 S 最小值，其必要条件为 $S_j = 0$，其中，$S_j = \dfrac{\partial S}{\partial u_j}$。

求解该偏微分方程，可以应用 Newton-Raphson 迭代方法求解，求解过程可以表示为

$$\left.\begin{array}{l} \{u_i^{(0)}\} \\[2mm] \{S_{ij}^{(k)}\} \cdot \{\Delta u_i^{(k)}\} = -\{S_i^{(k)}\} \\[2mm] \{u_i^{(k+1)}\} = \{u_i^{(k)}\} + \{\Delta u_i^{(k)}\} \end{array}\right\} \tag{3.53}$$

其中，$i, j = 1, 2, \cdots$；$S_{ij} = \dfrac{\partial S_i}{\partial u_j} = \dfrac{\partial^2 S}{\partial u_i \partial u_j}$；$k$ 表示迭代次数。

（2）数字图像相关方法实验技术

数字图像相关方法实验步骤为：首先，通过制斑技术在被测物体表面形成散斑；其次，对试样施加一定的荷载并用 CCD 相机采集变形前后试样表面的图像；最后，通过监测对比试样变形前后图像中采集对象的形状尺寸变化得到试样的变形信息。

关于制斑方法，可分为自然散斑和人工散斑：针对有较强纹理的自然表面本身就可作为散斑图；若表面光滑，可以通过人工制斑的方法改变表面，常见的人工制斑技术有将被测试件表面抛光打毛、喷涂银粉漆或在物体表面依次喷涂白亚光漆和黑亚光漆，如图 3.19 所示。

数字图像信息采集系统主要由光学成像系统、光电转换传感器、数字图像处理系统组成，如图 3.20 所示。

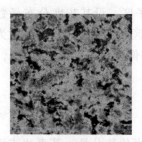  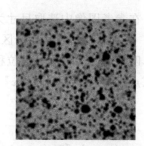

a)自然纹理散斑图　　　　　b)扫描电镜下打磨处理后散斑图　　　　c)喷涂处理后散斑图

图 3.19　数字图像相关方法中的散斑图

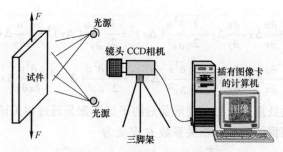

图 3.20　数字图像信息采集系统

与其他基于相关光波干涉原理的光测方法相比，数字图像相关方法具有实验设备、实验过程简单，对测量环境和隔振要求较低，易于实现测量过程的自动化，能充分发挥计算机在数字图像处理中的优势和潜力，适用测量范围广泛等优势。

第2篇 常见工程力学实验项目

常见工程力学实验项目主要包括以下三个方面的内容。第一，测定材料的力学性质。材料的力学性质通常是通过拉伸、压缩、扭转和断裂韧性测试等实验来测定。通过这些实验，学会测量材料力学性能的基本方法。在工程上，各种材料的力学性能是设计构件时不可缺少的依据。第二，验证理论公式的正确性。在理论分析中，将实际问题抽象为理想模型，并做出某些科学假设（如弯曲中的平截面假定等），使问题简化，从而推出一般性结论和公式，这是理论研究中常用的方法。但是这些假设和结论是否正确，理论公式能否应用于实际之中，必须通过实验来验证，如验证弯曲正应力计算公式。第三，实验应力分析。在工程实践中，很多构件的形状和受载情况比较复杂，单纯依靠理论计算不易得到正确的结果，必须用实验的方法来了解构件的应力分布规律，从而解决强度问题，这种办法称为实验应力分析。目前实验应力分析的方法很多，这里只介绍应用较广的电测法，如叠（组）合梁弯曲的应力分析实验。

第4章 金属材料的拉伸及弹性模量测定实验

常温、静载下的轴向拉伸实验是材料力学实验中最基本、应用最广泛的实验。通过拉伸实验，可以全面地测定材料的力学性能，如弹性、塑性、强度和断裂等力学性能指标。这些性能指标对材料力学的分析计算、工程设计、材料选择和新材料开发都有极其重要的作用。

拉伸实验是材料力学课程的基础实验。通过这项实验，可初步了解工程力学实验主要设备的构造、工作原理，并加深理解工程材料的力学性能常规指标体系及其物理意义，懂得测定工程材料力学性能的基本原理，掌握主要设备的使用方法。进一步为完成后续实验打下良好的基础。

金属材料的屈服强度 σ_s、抗拉强度 σ_b、延伸率 δ 和断面收缩率 $\varPsi$ 是由拉伸实验测定的。实验采用的圆截面比例试样按国家标准制成，如图 4.1 所示，可避免因试样尺寸和形状的影响而产生的差异，便于各种材料的力学性能相互比较。图 4.1 中，d_0 为试样直径，l_0 为试样的标距，并且长比例试样要求 $l_0 = 10d_0$，短比例试样要求 $l_0 = 5d_0$。国家标准中还规定了其他形状截面的试样，可适用于从不同的型材和构件上制备试样。

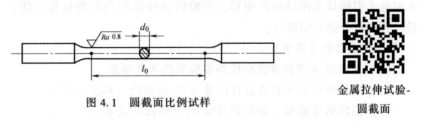

图 4.1 圆截面比例试样

金属拉伸试验-圆截面

金属拉伸实验应遵照相关国家标准在微机控制电子万能试验机上进行，在实验过程中，与微机控制电子万能试验机联机的微型电子计算机的显示屏上实时绘出试样的拉伸曲线（也称为 $F\text{-}\Delta l$ 曲线），如图 4.2 所示。

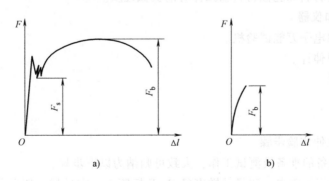

图 4.2 试样的拉伸曲线

低碳钢试样的拉伸曲线（见图 4.2a）分为四个阶段：弹性、屈服、强化和局部变形。

如果在强化阶段卸载，F-Δl 曲线会从卸载点开始向下绘出平行于初始加载弹性阶段直线的一条斜直线，表明它服从弹性规律。如若重新加载，F-Δl 曲线将沿此斜直线重新回到卸载点，并从卸载点接续原强化阶段曲线继续向前绘制。此种经过冷拉伸使弹性阶段加长、弹性极限提高、塑性下降的现象，工程中称为冷作硬化现象。

铸铁试样的拉伸曲线（见图 4.2b）比较简单，既没有明显的直线段，也没有屈服阶段，变形很小时试样就突然断裂，断口与横截面重合，断口形貌粗糙。抗拉强度 σ_b 较低，无明显塑性变形。

与电子万能试验机联机的微型电子计算机自动给出低碳钢试样的屈服载荷 F_s、最大载荷 F_b 和铸铁试样的最大载荷 F_b。

应当指出，上述所测定的力学性能均为名义值，工程应用较为方便，称为工程应力和工程应变。由于试样受力后其直径和长度都随载荷变化而改变，真实应力和真实应变需用试样瞬时截面积和瞬时标距长度进行计算。注意到试样在屈服前其直径和标距变化很小，真应力和真应变与工程应力和工程应变差别不大。试样屈服以后，其直径和标距都有较大的改变，此时的真应力和真应变与工程应力和工程应变会有较大的差别。

弹性模量 E 是表征材料力学性能的重要指标之一，它反映了材料抵抗弹性变形的能力，即材料的刚度。在工程设计中，若对构件进行刚度、稳定和振动等计算，都要用到弹性模量。它是通过实验方法来测定的。通常采用多级等增量加载法，这样不仅可以避免人为读取数据产生的误差，而且可以通过每次载荷增量和标距变形增量验证拉伸变形胡克定律。通常采用电子引伸计来测量标距变形，实验时试样标距内的伸长量不能大于引伸计的最大变形量，否则将会损坏引伸计。

1. 实验目的与要求

（1）观察低碳钢和铸铁在拉伸实验中的各种现象。

（2）测绘低碳钢和铸铁试件的载荷-变形曲线（F-Δl 曲线）。

（3）测定强度数据，如屈服强度 σ_s、抗拉强度 σ_b。

（4）测定塑性材料的塑性指标：拉伸时的延伸率 δ、断面收缩率 Ψ。

（5）测定低碳钢的弹性模量 E。

（6）观察低碳钢在拉伸强化阶段的卸载规律及冷作硬化现象。

（7）比较塑性材料和脆性材料在拉伸时的机械性质。

2. 实验设备和仪器

（1）微机控制电子万能试验机。

（2）电子式引伸计。

（3）游标卡尺。

（4）钢尺。

3. 实验步骤

（1）低碳钢拉伸实验步骤

按照试样、设备的准备及测试工作，大致可归纳为以下步骤。

首先将试样标记标距点，测量试样直径 d_0 及标距 l_0。在试样标距段的两端和中间三处测量试样直径，每处直径取两个相互垂直方向的平均值，做好记录。三处直径的最小值取作试样的初始直径 d_0。用扎规和钢板尺测量低碳钢试样的初始标距长度 l_0。

接着安装试件，按照微机控制电子万能试验机的操作方法，运行电子万能试验机程序，并开启控制器电源。

先将有力传感器的夹具夹住试样的一端，在微型电子计算机电子万能试验机应用软件界面中执行力清零，再移动横梁，使试样的另一端缓慢插入另一夹具的 V 形卡板中，锁紧夹头，进行保护从而消除夹持力。在试样的试验段上安装引伸计，将引伸计的标距杆垫片垫好，或者插好定位销钉，将刃口卡在试样的标距位置上，轻轻套上橡皮筋或弹簧，固定好引伸计，取下标距杆垫片或者定位销钉，并清零位移。

在电子万能试验机应用程序界面中执行以下操作：选择低碳钢拉伸实验方案，在控制软件界面中开始运行实验；在弹性阶段，读取每隔 ΔF 下的引伸计读数，并记录下来；进入屈服阶段后，变形变大，当界面提示引伸计已到量程范围时，拆卸引伸计，也可以通过观察曲线，在设定的引伸计切换点到前，手动切换引伸计。手动切换引伸计后，设定的切换点不再作用。继续实验，注意观察试样的变形情况和"颈缩"现象。

最后取下试样，吻合断口对准拼装，测量试样的最小直径 d_1 和标距长度 l_1。

（2）铸铁拉伸实验步骤

铸铁拉伸实验步骤与低碳钢拉伸实验步骤相同，只因铸铁是脆性材料，无须在试样上刻划及标记标点，无须安装引伸计，无须记录标距变形。

4. 实验结果处理

取下试样，测量试样断裂后最小直径 d_1 和断裂后标距 l_1，对于低碳钢材料，由下述公式：

$$\sigma_s = \frac{F_s}{A_0} \tag{4.1}$$

$$\sigma_b = \frac{F_b}{A_0} \tag{4.2}$$

可计算低碳钢的拉伸屈服强度 σ_s 和抗拉强度 σ_b。

式中　A_0——试样截面初始面积（mm^2）；

　　　F_s——低碳钢试样的屈服载荷（kN）；

　　　F_b——低碳钢试样的最大载荷（kN）。

由下述公式：

$$\delta = \frac{l_1 - l_0}{l_0} \times 100\% \tag{4.3}$$

$$\Psi = \frac{A_0 - A_1}{A_0} \times 100\% \tag{4.4}$$

可计算低碳钢的延伸率 δ 和断面收缩率 Ψ。

式中　l_0——试样断裂前标距（mm）；

　　　l_1——试样断裂后标距（mm）。

另外由式（4.2）可计算铸铁的抗拉强度 σ_b，其中 F_b 为铸铁试样的最大载荷。

低碳钢的弹性模量 E 由以下公式计算：

$$E = \frac{\Delta F l_0^*}{A_0 \overline{\Delta l^*}} \tag{4.5}$$

式中　ΔF——相等的加载等级（kN）；

　　$\overline{\Delta l^*}$——与 ΔF 相对应的变形增量（kN）；

　　l_0^*——引伸计的标距（mm）。

实验数据的记录及处理模板如下：

（1）引伸仪标距 $l_0^* =$ _____ mm

实验前

材料	标距 l_0/mm	直径 d_0/mm									平均横截面积 $\overline{A}$/mm²	最小横截面积 A_0/mm²
		截面 I			截面 II			截面 III				
		1	2	平均	1	2	平均	1	2	平均		
低碳钢												
铸　铁	—											

（2）低碳钢弹性模量测定

载荷 F/kN	变形 Δl^*/mm	变形增量 $\delta(\Delta l)$/mm
$F_0 =$		
$F_1 =$		
$F_2 =$		
$F_3 =$		
$F_4 =$		
$F_5 =$		
$\Delta F =$		$\delta(\Delta l) =$

$$E = \frac{\Delta F \cdot l}{\delta(\Delta l) \cdot \overline{A}} =$$

（3）实验后

材　料	标距 l_1/mm	断裂处直径 d_1/mm			断裂处横截面积 A_1/mm²
		1	2	平均	
低碳钢					
铸　铁	—	—	—	—	—

（4）屈服载荷和强度极限载荷

材料	上屈服载荷		下屈服载荷		最大载荷		断口形状
	F_{su}/kN	Δl/mm	F_{sl}/kN	Δl/mm	F_b/kN	Δl/mm	
低碳钢							
铸　铁	—	—	—	—			

（5）载荷-变形曲线（F-Δl 曲线）及结果

材料	低碳钢	铸铁
F-Δl 曲线		
断口形状		
实验结果	上屈服强度 σ_{su} = 下屈服强度 σ_{sl} = 抗拉强度 σ_b = 延伸率 δ = 断面收缩率 Ψ =	抗拉强度 σ_b = 延伸率 δ =

5. 实验注意事项

（1）实验时，必须严格遵守电子万能试验机的操作规程。

（2）为避免损伤试验机的卡板与夹具，同时防止铸铁试样脆断飞出伤及操作者，应注意装卡试样时，横梁移动速度要慢，使试样缓慢插入夹具的 V 形卡板中，不要顶撞卡板顶部；试样夹持端不要装卡过长，以免顶撞夹具内部装配卡板用的平台。

（3）为保证实验顺利进行，要读取正确的实验条件，严禁随意改动计算机的软件配置。

（4）装夹、拆卸引伸计时要注意插好定位销钉，实验时要注意拔出定位销钉，以免损坏引伸计。

（5）注意试样的材料，切勿将低碳钢与铸铁混淆。

6. 思考题

（1）根据低碳钢和铸铁的拉伸曲线比较两种材料的力学性质。

（2）为什么加载速度要缓慢？

（3）为什么拉伸实验必须采用标准试样或定标距试样？

（4）什么是卸载规律和冷作硬化现象？试举两例说明冷作硬化现象的工程应用。

（5）材料和直径相同而标距不同的试样，断裂后伸长率是否相同？解释原因。

第 5 章　金属材料的压缩实验

实验表明，工程中常用的塑性材料，其受压与受拉时所表现出的强度、刚度和塑性等力学性能是大致相同的，但很多诸如铸铁和混凝土等脆性材料的抗压性能和抗拉性能差异很大，为便于合理选用工程材料，测定材料受压时的力学性能是十分重要的。因此，压缩实验同拉伸实验一样，也是测定材料在常温、静载、单向受力下的力学性能的最常用、最基本的实验之一。

金属材料的压缩屈服强度 σ_s 和抗压强度 σ_b 由压缩实验测定。按国家标准要求，压缩试样应制成短圆柱形（见图 5.1）。

分析和实验均表明，进行压缩实验时，试样的上、下端面与试验机支承垫之间会产生很大的摩擦力（见图 5.2），这些摩擦力将阻碍试样上部和下部产生横向变形，致使测量得到的抗压强度偏高。因而应采取措施（磨光或加润滑剂）减少上述摩擦力。注意到试样的高度也会影响实验结果，当试样高度 h_0 增加时，摩擦力对试样中段的影响减少，对测试结果影响较小。此外，如若试样高度直径比 h_0/d_0 较大，极易发生压弯现象，抗压强度测量值也不会准确。所以压缩试样的高度与直径的比值 h_0/d_0 一般规定为 $1 \leqslant h_0/d_0 \leqslant 3$。此外，还需设法消除压缩载荷偏心的影响。

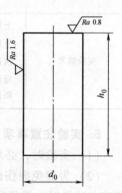

图 5.1　短圆柱形剖面图

进行低碳钢压缩实验时，为测取材料的压缩屈服强度 σ_s，应缓慢加载，同时仔细观察 F-Δl 曲线的发展情况，曲线由直线变为曲线的拐点处所对应的载荷即为屈服载荷 F_s。材料屈服之后开始强化，由于压缩变形使试样的横截面积不断增大，尽管载荷不断增大，但是，直至将试样压成饼形也不会发生断裂破坏，因此无法测量低碳钢的抗压强度 σ_b，压缩实验载荷-变形曲线如图 5.3 所示。

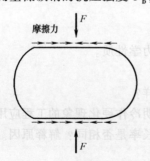

图 5.2　所受摩擦力示意

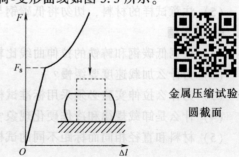

金属压缩试验-圆截面

图 5.3　低碳钢压缩实验载荷-变形曲线

进行铸铁压缩实验时，由载荷-变形曲线（见图 5.4）可看出，随着载荷的增加，破坏前试样也会产生较大的变形，直至被压成"微鼓形"之后才发生断裂破坏，破坏的最大载荷即为断裂载荷。破坏断口与试样加载轴线约成 45°角。由于单向拉伸、压缩时的最大切应力作用面与最大正应力作用面约成 45° 角，因此，可知上述破坏是由最大切应力引起的。仔细观察试样断口的表面，可清晰地看到材料受剪切错动的痕迹。

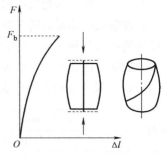

图 5.4 铸铁压缩实验载荷-变形曲线

1. 实验目的和要求

（1）测定低碳钢的压缩屈服强度 σ_s 和铸铁的抗压强度 σ_b。

（2）观察铸铁试样的破坏断口，分析破坏原因。

（3）分析比较两种材料拉伸和压缩性时机械性能的异同。

2. 实验设备和仪器

（1）微机控制电子万能试验机。

（2）游标卡尺。

（3）钢尺。

3. 实验步骤

（1）低碳钢压缩实验步骤

首先测量试样尺寸，用游标卡尺测量试样高度 h_0，测量试样两端及中部三处截面的直径，每处直径为相互垂直方向直径的平均值，取三处直径中的最小值为初始直径 d_0，并用其计算截面初始面积 A_0。

按照微机控制电子万能试验机的操作方法，运行电子万能试验机应用软件，并开启控制器电源。把低碳钢试样放置在试验机球形支承座的中心位置上，试样上下一般都要放置坚硬平整的垫块，用以保护试验机压头及支承座，并可调整试验区间的高度，减少空行程。通过肉眼观察，到压盘离试样上表面还有一定缝隙时停止。在微型电子计算机电子万能试验机应用软件界面中开始运行实验，注意观察载荷-变形（F-Δl）曲线，找出压缩屈服强度。进入强化阶段后，观察试样变形，由于试样为塑性材料，试样压成饼形也不会发生断裂破坏，因此无法测量低碳钢的抗压强度，试样发生较明显变形后，可以终止实验。

（2）铸铁压缩实验步骤

铸铁压缩实验步骤与低碳钢压缩实验步骤相同。但因铸铁破坏是脆断，试样发生一定变形后，会发生断裂破坏，为防止试样压断时可能有碎屑崩出，实验前应在试样周围加设有机玻璃防护罩。

4. 实验结果处理

根据实验中测得的数据，由下述公式：

$$\sigma_s = \frac{F_s}{A_0} \tag{5.1}$$

$$\sigma_b = \frac{F_b}{A_0} \tag{5.2}$$

可计算低碳钢的压缩屈服强度 σ_s 和铸铁的抗压强度 σ_b。

式中　F_s——低碳钢试样的屈服载荷（kN）；

　　　F_b——铸铁试样的最大载荷（kN）；

A_0——试样截面初始面积（mm^2）。

注意观察试样断裂后的变形和断口的表面形貌。

按比例画出两种材料的压缩曲线，说明其特点，并与拉伸图进行比较。

实验数据的记录及处理模板如下：

（1）试件尺寸及载荷数据表

材料	直径 d_0/mm			高度 l/mm	$\dfrac{l}{d_0}$	截面积 A_0/mm^2	屈服载荷 F_s/kN	最大载荷 F_m/kN
	1	2	平均					
低碳钢								
铸　铁							—	

（2）载荷-变形曲线（F-Δl 曲线）及结果

材　料	低碳钢	铸　铁
F-Δl 曲线		
断口形状		
实验结果	屈服强度 $\sigma_s =$	抗压强度 $\sigma_b =$

5. 实验注意事项

（1）为保证实验顺利进行，实验时要读取正确的实验条件，严禁随意改动计算机的软件配置。

（2）为使试样轴向受压，应尽量把试样放在上、下承压座的中心线上，如放偏的话对实验结果甚至是试验机都有影响。为避免试验机受损，活动平台不要升得过高，实验时，试样上、下应加垫块。

（3）请小心调节横梁，当横梁接近时请用慢上、慢下按键调节，以免速度过快，不小心损坏力传感器。特别小心手不要放在压盘中间，以免造成事故。

（4）加载速度要均匀缓慢，特别是当试样即将与上承压板接触时，活动平台移动速度一定要减慢，做到自然平稳地接触。否则，容易发生突然加载或超载，使实验失败。

（5）铸铁压缩实验加载前要设置好试验机的有机玻璃防护罩，以免金属碎屑飞出发生危险。进行实验时，不要靠近试样观看。试样压坏时，应及时卸载，以免压碎。

6. 思考题

（1）比较铸铁的抗拉强度和抗压强度并分析脆性材料的力学性能特点。

（2）为什么无法测取低碳钢的抗压强度？

（3）由低碳钢和铸铁的拉伸、压缩实验结果，比较塑性材料与脆性材料的力学性质。

（4）为什么铸铁试样压缩时沿着与加载轴线约成 45°的斜截面破坏？

（5）试样压缩后为什么成鼓形？

（6）压缩实验为什么说是有条件的？

（7）铸铁破坏主要是由什么应力引起的？

第6章 金属扭转破坏实验、剪切模量测定

工程中，以扭转为主要变形的轴类构件很多，扭转实验是工程力学实验中最基本的实验之一。通过扭转实验，测量剪切模量，观察分析典型金属材料扭转破坏的现象，验证扭转变形的基本理论。通过圆轴扭转破坏实验，测量材料屈服强度和抗扭强度。扭转试验可在电子扭转试验机上实现。

按照国家标准，采用圆截面试样的扭转实验，可以测定各种工程材料在纯扭转情况下的力学性能，如材料的屈服强度 τ_s 和抗扭强度 τ_b 等。圆截面试样须按上述国家标准制成（见图6.1）。试样两端的夹持段铣削为平面，这样可以有效地防止实验时试样在试验机卡头中打滑。

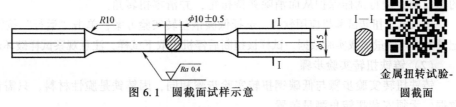

图 6.1 圆截面试样示意

金属扭转试验-圆截面

试验机软件的绘图系统可绘制扭矩-扭转角曲线，简称扭转曲线（图6.2 a、b 中的 T-φ 曲线）。

从图6.2a 可以看到，低碳钢试样的扭转实验曲线由弹性阶段（Oa 段）、屈服阶段（ab 段）和强化阶段（cd 段）构成，但屈服阶段和强化阶段均不像拉伸实验曲线中那么明显。由于强化阶段的过程很长，图中只绘出其开始阶段和最后阶段，破坏时试验段的扭转角可达 10π 以上。

图6.2b 所示的铸铁试样扭转曲线可近似地视为直线（与拉伸曲线相似，没有明显的直线段），试样破坏时的扭转变形比拉伸破坏时的变形要明显得多。

低碳钢试样和铸铁试样的扭转破坏断口形貌有很大的差别。图6.3a 所示低碳钢试样的断面与横截面重合，断面是最大切应力作用面，断口较为平齐，可

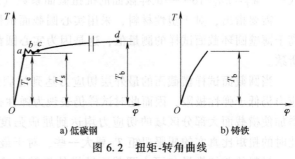

a) 低碳钢　　b) 铸铁

图 6.2 扭矩-转角曲线

知为剪切破坏；图6.3b 所示铸铁试样的断面是与试样轴线成45°角的螺旋面，断面是最大拉应力作用面，断口较为粗糙，因而是最大拉应力造成的拉伸断裂破坏。

1. 实验目的和要求

（1）测定低碳钢的屈服强度 τ_s、抗扭强度 τ_b 和铸铁的抗扭强度 τ_b，观察扭矩-扭转角曲线（T-φ 曲线）。

（2）观察两类材料试样扭转破坏的断口形貌，并进行比较和分析。

（3）测定低碳钢的剪切模量 G。

（4）验证圆截面杆扭转变形的胡克定律（$\varphi = Tl/GI_p$）。

a) 低碳钢

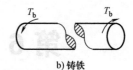
b) 铸铁

图 6.3　扭转断口形貌

2. 实验设备和仪器

（1）微机控制电子扭转试验机。

（2）游标卡尺。

3. 实验步骤

（1）低碳钢扭转实验步骤

首先测量试样直径 d_0。在试样上安装扭转角测试装置，将一个定位环夹套在试样的一端，装上卡盘，将螺钉拧紧；再将另一个定位环夹套在试样的另一端，装上另一卡盘。根据不同的试样标距要求，将试样搁放在相应的 V 形块上，使两卡盘与 V 形块的两端贴紧，保证卡盘与试样垂直，以确保标距准确，将卡盘上的螺钉拧紧。

接着，将试验机两端夹头对正。将已装扭转角测试实验装置的试样的一端放入从动夹头的钳口间，将试样夹紧。进行扭矩清零操作，推动移动支座，使试样的另一端进入主动夹头的钳口间，进行试样保护从而消除夹持扭矩，并清零扭转角。

进入电子扭转试验机应用软件，选择低碳钢扭转实验方案，单击"运行"按钮，开始实验，记录多级等增量加载实验数据。试样被扭断后停机，取下试样，注意观察试样破坏断口形貌。

（2）铸铁扭转实验步骤

铸铁扭转实验步骤与低碳钢扭转实验步骤相同，因铸铁是脆性材料，只需记录破坏载荷数据，无须安装扭转角测量装置。

4. 实验结果处理

从扭转试验机上可以读取试样的屈服扭矩 T_s 和最大扭矩 T_b，由下述公式：

$$\tau_s = T_s / W_T \tag{6.1}$$

$$\tau_b = T_b / W_T \tag{6.2}$$

可计算材料的屈服强度 τ_s 和抗扭强度 τ_b。

式中　$W_T = \pi d_0^3 / 16$——试样截面的抗扭截面系数（mm^3）。

需要指出，对于塑性材料，采用实心圆截面试样测量得到的屈服强度 τ_s 和抗扭强度 τ_b，高于薄壁圆环截面试样的测量值，这是因为实心圆截面试样扭转时横截面切应力分布不均匀所致。

当圆截面试样横截面的最外层切应力达到屈服强度 τ_s 时，占横截面绝大部分的内层切应力仍低于弹性极限，因而此时试样仍表现为弹性行为，没有明显的屈服现象。当扭矩继续增加使横截面大部分区域的切应力均达到屈服强度 τ_s 时，试样会表现出明显的屈服现象，此时的扭矩比真实的屈服扭矩 T_s 要大一些，对于最大扭矩 T_b 也会有同样的情况。

材料的剪切模量 G 可由圆截面试样的扭转实验测定。在弹性范围内进行圆截面试样扭转实验时，扭矩与扭转角中之间的关系符合扭转变形的胡克定律 $\varphi = Tl/GI_p$，其中 $I_p = \pi d_0^4 / 32$ 为截面的极惯性矩。当试样长度 l 和极惯性矩 I_p 均为已知时，只要测取扭矩增量 ΔT 和相应的扭转角增量 $\overline{\Delta\varphi^*}$，可由下式：

$$G = \frac{\Delta T \cdot l}{\Delta\varphi^* \cdot I_p} \tag{6.3}$$

计算得到材料的剪切模量。实验通常采用多级等增量加载法，这样不仅可以避免人为读取数据产生的误差，而且可以通过每次载荷增量和扭转角增量验证扭转变形胡克定律。

三个弹性常数 E、μ、G 之间的关系为 $G = \dfrac{E}{2(1+\mu)}$，由材料手册查得材料的弹性模量 E 和泊松比 μ，计算得到材料的剪切模量 G。如将计算值 G 取作真值，可将测试得到的 G 值与计算值进行比较，检验测试误差。

绘制低碳钢、铸铁试样的扭转图和断口示意图，并分析破坏原因。

实验数据的记录及处理模板如下：

（1）弹性模量 $E =$ 　　　　泊松比 $\mu =$

实验前

材　料	标距 l_0 /mm	直径 d_0/mm									平均极惯性矩 $\overline{I_p}$/mm^4	最小抗扭截面模量 W_T/mm^3
		截面 I			截面 II			截面 III				
		1	2	平均	1	2	平均	1	2	平均		
低碳钢												
铸　铁	—											

（2）低碳钢剪切模量测定

扭矩 $T/\text{N}\cdot\text{m}$	扭转角 $\varphi/(°)$	扭转角增量 $\Delta\varphi/(°)$
$T_0 =$		
$T_1 =$		
$T_2 =$		
$T_3 =$		
$T_4 =$		
$T_5 =$		
$\Delta T =$	$\overline{\Delta\varphi} =$　　　　（°）=　　　　rad	

$$G = \frac{\Delta T \cdot l_0}{\overline{\Delta\varphi} \cdot I_p} =$$

理论值 $G = \dfrac{E}{2(1+\mu)} =$ 　　；相对误差 $= \dfrac{G_{理} - G_{实}}{G_{理}} \times 100\% =$

（3）载荷-变形曲线（$F\text{-}\Delta l$ 曲线）及结果

材　料	低碳钢		铸　铁
$T\text{-}\varphi$ 曲线			
断口形状			
实验记录	屈服扭矩 $T_s =$ 最大扭矩 $T_b =$		最大扭矩 $T_b =$
实验结果	屈服强度 $\tau_s =$ 抗扭强度 $\tau_b =$		抗扭强度 $\tau_b =$

5. 实验注意事项

（1）推动试验机移动支座时，切忌用力过大，以免损坏试样或传感器。

（2）进入软件前请确定试验机电源已打开。

（3）退出软件前请确定试验机电源已关闭。

6. 思考题

（1）为什么低碳钢试样扭转破坏断面与横截面重合，而铸铁试样是与试样轴线成 45°螺旋断裂面？

（2）根据低碳钢和铸铁拉伸、压缩、扭转实验的强度指标和断口形貌，分析总结两类材料的抗拉、抗压、抗扭能力。

（3）圆截面试样拉伸实验屈服强度和扭转实验屈服强度有什么区别和联系？

（4）剪切模量 G 的物理意义。

（5）用拉伸（压缩）实验能否间接测量材料的剪切模量 G？

第7章　电阻应变片的粘贴技术实验

电阻应变计的粘贴是电测法中一个重要的环节，它起着一个"承上启下"的作用。把电阻应变片牢固而又简单地粘贴在构件表面上，非常重要。因为粘贴不牢固，测量就会失真，将会导致整个应变测试工作不能顺利进行，甚至失败。

1. 实验目的

（1）初步了解电测法的基本原理，掌握应变片的粘贴、接线和检查等技术。

（2）认识粘贴质量对测试结果的影响。

2. 实验要求

（1）试件一根和电阻应变片若干枚。在试件上表面、下表面（沿其轴线方向）各贴两枚应变片（见图 7.1）。

（2）用自己所贴的应变片进行规定内容的测试。

3. 实验设备和仪器

（1）数字万用表。

（2）电阻应变仪。

（3）游标卡尺。

（4）钢直尺。

（5）烙铁。

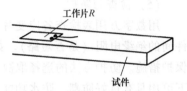

图 7.1　粘贴应变片示意图

4. 应变片粘贴工艺

（1）筛选应变片

应变片的外观应无局部破损，丝栅或箔栅无锈蚀斑痕。用数字万用表逐片检查阻值（120Ω），同一批应变片的阻值相差不应超过出厂规定的范围（小于 0.2Ω）。

（2）处理试件表面

在贴片处，处理出不小于应变片基底面积 3 倍的区域。处理的方法是：用细砂纸打磨出与应变片粘贴方向成 45°的交叉纹（有必要时先刮漆层，去除油污，用细砂纸打磨锈斑）；用钢针或铅笔画出贴片定位线；再用蘸有少量丙酮（或无水乙醇、四氯化碳等）的脱脂棉球将贴片表面擦洗干净，清洁面积应大于处理面积，且清洁时应从中心逐渐向外擦，棉球脏后要更换新的，直至棉球洁白为止。

（3）粘贴应变片

一手用镊子镊住（或左手拇指和食指夹住）应变片引出线，一手拿 502 胶瓶，在应变片底面上涂一层黏结剂，并立即将应变片放置于试件上（切勿放反），且使应变片基准线对准定位线。用一小片聚四氟乙烯薄膜盖在应变片上，用手指均匀按压应变片，从有引线的一端向另一端沿轴线方向滚压，以挤出多余的黏结剂和气泡。注意此过程要避免应变片滑移或转动。保持 1~2min 后，由应变片的无引线一端向有引线一端，沿着与试件表面平行方向轻轻揭去聚四氟乙烯薄膜。用镊子将引出线与试件轻轻脱开，检查应变片是否为通路。有条件的可使用红外线灯烘烤，提高黏结强度，但要避免聚热。

（4）焊接与固定导线

应变片与应变仪之间，需要用导线（视测量环境选用不同的导线——双芯多股铜芯塑料电缆、屏蔽电缆）连接。用胶带或其他方法把导线固定在试件上。应变片的引出线（注意其下部垫一小块绝缘胶布或透明胶带；焊接时不宜拉得过紧，最好有一定的弧形）与导线之间，通过粘贴在电阻应变片附近的接线端子片连接（见图7.2）。连接的方法是用电烙铁焊接，焊接要准确迅速，防止虚焊。

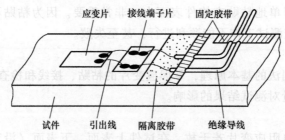

图 7.2　应变片的引出线固定

（5）检查与防护

用数字万用表检查各应变片的电阻值（是否断路），并记录下来备查，检查应变片与试件间的绝缘电阻（是否短路）。如果检查无问题，应变片要做较长时间的保留，做好防潮与保护措施。防护方法的选择取决于应变片的工作条件、工作期限及所要求的测量精度。常温下可用具有良好防潮、防水功能的703硅橡胶均匀涂在电阻应变片上，涂敷面积要大于应变片基底，经8h即可固化，也可用医用凡士林、炮油或二硫化钼等材料代替。

5. 实验步骤

（1）按应变片粘贴工艺完成贴片工作。

（2）检查每个应变片的电路是否有断路或短路现象。

6. 实验结果处理

实验数据的记录及处理模板如下：

（1）试件尺寸：$L=$　　　mm；$b=$　　　mm；$h=$　　　mm。

电阻应变片：阻值 $R=$　　　Ω；灵敏系数 $k=$　　　。

（2）1/4桥路接线法：$AB=$　　　、　　　、　　　；$BC=$　　　。

电阻应变片		$P_1=$　N	$P_2=$　N	$P_3=$　N	$P_4=$　N	$P_5=$　N
	读数					
	平均					
	读数					
	平均					
	读数					
	平均					
	读数					
	平均					

（3）1/2 桥路接线法（工作片+温度片）：$AB=$　；$BC=$　。

电阻应变片	$P_1=$　N	$P_2=$　N	$P_3=$　N	$P_4=$　N	$P_5=$　N
读数					
平均					

（4）1/2 桥路接线法（工作片+工作片）：$AB=$　；$BC=$　。

电阻应变片	$P_1=$　N	$P_2=$　N	$P_3=$　N	$P_4=$　N	$P_5=$　N
读数					
平均					

（5）全桥路接线法（工作片+温度片）：$AB=$　；$BC=$　；$CD=$　；$DA=$　。

电阻应变片	$P_1=$　N	$P_2=$　N	$P_3=$　N	$P_4=$　N	$P_5=$　N
读数					
平均					

（6）全桥路接线法（工作片+工作片）：$AB=$　；$BC=$　；$CD=$　；$DA=$　。

电阻应变片	$P_1=$　N	$P_2=$　N	$P_3=$　N	$P_4=$　N	$P_5=$　N
读数					
平均					

7. 思考题

（1）简要叙述电阻应变片粘贴的注意事项。

（2）找出各种桥路中的电阻应变仪读数与电阻应变片的实际值的关系。

（3）简述桥路变换的规律。

第8章 非金属材料拉伸实验

非金属材料拉伸实验适用于测定玻璃纤维织物增强塑料板材和短切玻璃纤维增强塑料的拉伸性能。在假设材料均匀、各向同性、应力应变关系符合胡克定律的前提下，其力学性能一般仍按材料力学公式计算。但对纤维增强塑料实际上不太符合这些假设，实验过程中不完全符合胡克定律。在超过比例极限以后，往往在纤维和树脂的黏结面处会逐步出现微裂缝，形成一个缓慢的破坏过程。这时要记下其发出的声响和试样表面出现白斑时的载荷，并绘制其破坏图案。

拉伸实验是指在规定的温度 $[(23\pm2)℃]$、湿度（相对湿度 45%~55%）和实验速度下，沿试样纵轴方向施加拉伸载荷使其破坏的实验。其相应的材料力学性能指标有：拉伸强度 σ_b、弹性模量 E 和破坏（或最大载荷）伸长率 ε_t。

1. 实验目的

(1) 测定拉伸强度 σ_b。

(2) 测定弹性模量 E。

(3) 测定泊松比 μ。

(4) 测定破坏（或最大载荷）伸长率 ε_t。

2. 实验设备和仪器

(1) 微机控制电子万能试验机。

(2) 电阻应变仪。

3. 实验试样

(1) 试样形状

试样形状如图 8.1 所示。

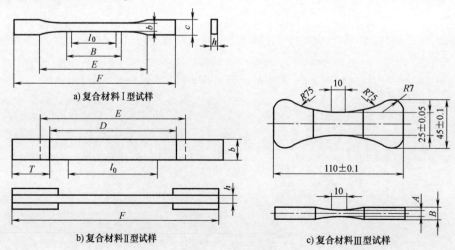

a) 复合材料 I 型试样

b) 复合材料 II 型试样

c) 复合材料 III 型试样

图 8.1　试样形状

Ⅰ型试样适用于测定玻璃纤维织物增强热塑性和热固性塑料板材的拉伸强度；Ⅱ型试样适用于测定玻璃纤维织物增强热固性塑料板材的拉伸强度；Ⅲ型试样仅适用于测定模压短切玻璃纤维增强塑料的拉伸强度，而测定该材料的其他拉伸性能时仍用Ⅰ型或Ⅱ型试样。

表 8.1 所示的为Ⅰ型、Ⅱ型试样尺寸。

表 8.1　Ⅰ型、Ⅱ型试样尺寸　　　　　　（单位：mm）

尺寸符号	Ⅰ型	Ⅱ型
总长（最小）F	180	250
端部宽度 c	20±0.5	—
厚度 h	2~10	2~10
中间平行段长度 B	55±0.5	—
中间平行段宽度 b	10±0.2	25±0.5
标距（或工作段）长度 l_0	50±0.5	100±0.5
夹具间距离 E	115±5	170±5
端部加强片间距离 D	—	150±5
端部加强片最小长度 T		50

（2）试样制备

① Ⅰ型、Ⅱ型试样采用机械加工法制备，重型试样采用模塑法制备。

② Ⅰ型试样加强片的材料、尺寸及其黏结。

加强片材料采用与试样相同的材料或铝板材料。

加强片尺寸：其厚度为 2~3mm。

加强片的宽度：采用单根试样黏结时，加强片的宽度就取为试样的宽度；若采用整体黏结后再加工成单根试样，则宽度应满足所要加工试样的要求。

加强片的黏结：用细砂纸打磨（或喷砂）黏结表面，注意不应损伤材料强度；然后用溶剂（如丙酮）清洗黏结表面，再用韧性较好的室温固化胶（如环氧胶黏剂）黏结。注意：要对试样黏结部位加压一定的时间。

（3）试样数量

必须保证有 5 个有效试样。

4. 实验步骤

首先测量试样，用游标卡尺在试样工作段内的任意三处，测量其宽度和厚度，取算术平均值。接着安装试样，夹持试样，使试样的中心线与上、下夹具的对准中心线一致，并在试样工作段安装电子引伸计，施加初载（约为破坏载荷的 5%）。将电子引伸计、电阻应变仪、控制计算机相连接。开始试验、加载，自动记录载荷-变形曲线。连续加载至试样破坏，记录破坏载荷（或最大载荷）及试样破坏形式。

必须指出，在试样拉伸过程中，一要注意听是否有开裂声，二要注意观察试样表面上是否有白斑出现。当发出开裂声和有白斑出现时，应记录此时的载荷，此时，拉伸应力-应变曲线形成折线，形成所谓第一弹性模量和第二弹性模量问题。形成第二弹性模量是复合材料的特点，其原因是，在受力状况下树脂和纤维延伸率不同，在界面处出现开裂，此时，复合材料中有缺陷的纤维先行断裂，使纤维总数少于起始状态时的数量，相应每根纤维上受力增加，形变也就增加，致使弹性模量降低。

若试样出现以下情况，则实验无效：

（1）试样破坏在内部缺陷明显处。

（2）Ⅰ型试样破坏在夹具内或圆弧处；Ⅱ型试样破坏在夹具内，或试样断裂处离夹紧处的距离小于10mm。

5. 实验结果处理

通过记录曲线，采集载荷与相应的变形值，计算得到拉伸强度、弹性模量、泊松比和伸长率。

当试样拉伸至最大载荷时，记录该瞬时载荷，由下式计算拉伸强度：

$$\sigma_b = \frac{F_{max}}{bh} \tag{8.1}$$

式中　　F_{max}——试验最大载荷（kN）；

　　　　　b——试样宽度（mm）；

　　　　　h——试样厚度（mm）。

试样是预先按规定方向（如板的纵向和横向）切割而成的，使各向异性材料转变为单向取样测量，故可假定在这种形式的试样上其应力 σ、应变 ε 关系服从胡克定律，其拉伸弹性模量 E 可表示为

$$E = \frac{\sigma}{\varepsilon} \tag{8.2}$$

采用多级等增量加载法，有

$$E = \frac{\Delta F}{bh\overline{\Delta\varepsilon}} \tag{8.3}$$

式中　　ΔF——相等的加载等级（kN）；

　　　　　$\overline{\Delta\varepsilon}$——与 ΔF 相对应的应变增量（mm）。

泊松比

$$\mu = \left| \frac{\varepsilon'}{\varepsilon} \right| \tag{8.4}$$

式中　　ε'——板的横向线应变；

　　　　　ε——板的纵向线应变。

试样拉伸破坏时或最大载荷处的伸长率，称为破坏（或最大载荷）伸长率，记为 ε_t，按下式计算：

$$\varepsilon_t = \frac{\Delta l_b}{l_0} \times 100\% \tag{8.5}$$

式中　　Δl_b——试样拉伸破坏时或最大载荷处标距 l_0 内的伸长量（mm）。

实验数据的记录及处理模板如下：

（1）试件尺寸

试件编号	宽度 b/mm			平均宽度 /mm	厚度 h/mm			平均厚度 /mm	平均面积 /mm^2
	1	2	3		1	2	3		
1									
2									
3									

（2）电阻应变片数据

电阻值/Ω	电阻片	应变仪灵敏系数 $K_{仪}$

（3）载荷和应变

加载次数	载荷 F/N	载荷增量 ΔF/N	电阻应变仪读数（$\mu\varepsilon$）				
			测点 1		测点 2		...
			应变（ε_1）	增量	应变（ε_2）	增量	
1							
2							
3							
4							
5							
6							
平　均			—		—		—
实验结果	纵向弹性模量 $E_1 = \dfrac{\overline{\Delta\sigma}}{\overline{\Delta\varepsilon_1}}$（MPa）						
	泊松比 $\mu_{21} = -\dfrac{\overline{\Delta\varepsilon_2}}{\overline{\Delta\varepsilon_1}}$						

第 9 章　弯曲正应力电测实验

工程中，以弯曲变形为主要变形的构件很多，弯曲正应力电测实验是工程力学实验中最基本的实验之一。通过弯曲正应力电测实验，测量梁横截面上的线应变、观察分析梁弯曲变形时横截面上正应力的分布规律，验证梁弯曲正应力计算的基本理论。

1. 实验目的

（1）测定梁在纯弯曲时横截面上正应力大小和分布规律。

（2）验证纯弯曲梁的正应力计算公式。

2. 实验仪器设备和工具

（1）组合实验台中纯弯曲梁实验装置。

（2）静态应变测试仪。

（3）游标卡尺、钢板尺。

梁弯曲行为试验-
矩形截面

3. 实验原理及方法

在纯弯曲条件下，根据平面假设和纵向纤维间无挤压的假设，可得到梁横截面上任一点的正应力，计算公式为

$$\sigma = \frac{My}{I_z} \tag{9.1}$$

式中　M——弯矩（kN·m）；

　　　I_z——横截面对中性轴的惯性矩（mm⁴）；

　　　y——所求应力点至中性轴的距离（mm）。

为了测量梁在纯弯曲时横截面上正应力的分布规律，在梁的纯弯曲段沿梁侧面不同高度，平行于轴线贴有应变片（见图 9.1）。

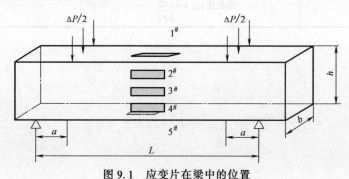

图 9.1　应变片在梁中的位置

实验可采用半桥单臂、公共补偿、多点测量方法。加载采用增量法，即每增加等量的载荷 ΔP，测出各点的应变增量 $\Delta\varepsilon$，然后分别取各点应变增量的平均值 $\Delta\varepsilon_{实i}$，依次求出各点的应变增量

$$\sigma_{实i} = E\Delta\varepsilon_{实i} \tag{9.2}$$

将实测应力值与理论应力值进行比较，以验证弯曲正应力公式。

4. 实验步骤

（1）设计好本实验所需的各类数据表格。

（2）测量矩形截面梁的宽度 b 和高度 h、载荷作用点到梁支点距离 a 及各应变片到中性层的距离 y_i。具体见表 9.1。

（3）拟订加载方案。先选取适当的初载荷 P_0（一般取 $P_0 = 10\%P_{max}$ 左右），估算 P_{max}（该实验载荷范围 $P_{max} \leqslant 4000N$），分 4~6 级加载。

（4）根据加载方案，调整好实验加载装置。

（5）按实验要求接好线，调整好仪器，检查整个测试系统是否处于正常工作状态。

（6）加载。均匀缓慢加载至初载荷 P_0，记下各点应变的初始读数；然后分级等增量加载，每增加一级载荷，依次记录各点电阻应变片的应变值 ε_i，直到最终载荷。实验至少重复两次，见表 9.2。

（7）完成实验后，卸掉载荷，关闭电源，整理好所用仪器设备，清理实验现场，将所用仪器设备复原，实验资料交指导教师检查签字。

表 9.1　试件相关参考数据

应变片至中性层距离/mm		梁的尺寸和有关参数
y_1	−20	宽度 $b = 20mm$
y_2	−10	高度 $h = 40mm$
y_3	0	跨度 $L = 600mm$
y_4	10	载荷距离 $a = 125mm$
y_5	20	弹性模量 $E = 206GPa$
		泊松比 $\mu = 0.26$
		惯性矩 $I_z = bh^3/12 = 1.067 \times 10^{-7}m^4$

表 9.2　实验数据

载荷	P		500	1000	1500	2000	2500	3000
N	ΔP		500	500	500	500	500	
各测点电阻应变仪读数 $\mu\varepsilon$	1	ε_P						
		$\Delta\varepsilon_P$						
		平均值						
	2	ε_P						
		$\Delta\varepsilon_P$						
		平均值						
	3	ε_P						
		$\Delta\varepsilon_P$						
		平均值						
	4	ε_P						
		$\Delta\varepsilon_P$						
		平均值						
	5	ε_P						
		$\Delta\varepsilon_P$						
		平均值						

5. 实验结果处理

（1）实验值计算

根据测得的各点应变值 ε_i 求出应变增量平均值 $\overline{\Delta\varepsilon_i}$，代入胡克定律计算各点的实验应力值，因 $1\mu\varepsilon = 10^{-6}\varepsilon$，所以

各点实验应力计算：

$$\sigma_{i\text{实}} = E\varepsilon_{i\text{实}} = E\times\overline{\Delta\varepsilon_i}\times 10^{-6} \tag{9.3}$$

（2）理论值计算

载荷增量　$\Delta P = 500\text{N}$

弯矩增量　$\Delta M = \Delta P \cdot a/2 = 31.25\text{N}\cdot\text{m}$

各点理论值计算：

$$\sigma_{i\text{理}} = \frac{\Delta M \cdot y_i}{I_z} \tag{9.4}$$

（3）绘出实验应力值和理论应力值的分布图

分别以横坐标轴表示各测点的应力 $\sigma_{i\text{实}}$ 和 $\sigma_{i\text{理}}$，以纵坐标轴表示各测点距梁中性层位置 y_i，选用合适的比例绘出应力分布图。

（4）实验值与理论值的比较

测 点	理论值 $\sigma_{i\text{理}}$/MPa	实际值 $\sigma_{i\text{实}}$/MPa	相对误差
1			
2			
3			
4			
5			

6. 思考题

（1）尺寸、加载方式完全相同的钢梁和木梁，如果与中性层等距离处纤维的应变相等，问两梁相应位置的应力是否相等，载荷是否相等？

（2）采用等增量加载法的目的是什么？

（3）直梁弯曲正应力公式及曲率公式的意义和推导方法分别是什么？

（4）了解电阻应变片和电阻应变仪的基本原理和多点测量的方法。

（5）实验时未考虑梁的自重，是否会引起测量误差？为什么？

第 10 章　叠（组）合梁弯曲的应力分析实验

在实际结构中，由于工作需要，经常会把单一的梁、板、柱等构件组合起来，形成另一种新的构件形式，如支承车架的板簧，是由多片微弯的钢板重叠组合而成；厂房的吊车的承重梁则是由钢轨、钢筋混凝土梁共同承担吊车和重物的重量。实际中的组合梁的工作状态是复杂多样的，为了便于在实验室进行实验，实验仅选择两根截面积相同的矩形梁，按以下方式进行组合：（1）用相同材料组成的叠梁；（2）楔块梁。用电测法测定其应力分布规律，观察两种形式组合梁与单一材料梁应力分布的异同点。

1. 实验目的和要求

（1）进一步掌握电测法的基本原理及应变仪的操作与使用。

（2）测定叠梁在纯弯曲时，梁不同高度各点正应力的大小及分布规律，并与理论值做比较。

（3）通过实验测定和理论分析，了解两种不同组合梁的内力及应力分布的差别。

（4）学习多点测量技术。

2. 实验仪器设备和工具

（1）组合实验台中叠梁弯曲实验装置。

（2）静态应变测试仪。

（3）游标卡尺、钢板尺。

3. 实验原理及方法

叠梁在横向力作用下，若上、下梁的弯矩分别为 M_1 和 M_2，由平衡条件可知，$M_1+M_2=M$；若变形后，每根梁中性层的曲率半径分别为 ρ_1、ρ_2，且有 $\rho_2=\rho_1+\dfrac{h_1+h_2}{2}$，则由梁的平面弯曲的曲率方程可知：

$$\frac{1}{\rho_1}=\frac{M_1}{E_1I_1},\ \frac{1}{\rho_2}=\frac{M_2}{E_2I_2} \tag{10.1}$$

式中　E_1I_1——上梁的抗弯刚度（N·mm²）；

E_2I_2——下梁的抗弯刚度（N·mm²）。

在小变形情况下（忽略上、下梁之间的摩擦，两者的变形可认为一致），它们的曲率半径远远大于梁的高度，因此可以认为 $\rho_2=\rho_1$，故有

$$\frac{M_1}{E_1I_1}=\frac{M_2}{E_2I_2} \tag{10.2}$$

（1）当叠合梁材质和几何尺寸相同时，即 $E_1=E_2$，$I_1=I_2$，有

$$E_1I_1=E_2I_2,\ M_1=M_2 \tag{10.3}$$

（2）当叠合梁分别为钢和铝，且钢材与铝材的弹性模量分别为 $E_1=207\text{GPa}$，

$E_2 = 69\text{GPa}$，即 $E_1 = 3E_2$，同时 $I_1 = I_2 = I$ 时，则有

$$\frac{M_1}{3E_2I_1} = \frac{M_2}{E_2I_2}, \quad M_1 = 3M_2 \tag{10.4}$$

由此可知，当叠合梁的材质和惯性矩相同时，弯矩是由参与叠合梁的根数进行等分配的；当材料不同时，其弯矩是依据抗弯刚度来进行分配的。因此，材质不同的两根梁组成的叠合梁（惯性矩相等），在离各自中性层等距离点的应力是不等的。弹性模量大的材质应力较大，反之，弹性模量小的材质应力较小。

本实验采用钢-钢叠合梁和钢-钢材料组成的楔梁（在试样的两端、两根梁的接合面上各加一个楔块）以及整梁。材料的 E 相等，所有单根梁的截面几何尺寸相等。

实验时，在梁的纯弯曲段间某一截面沿高度布置 8 枚电阻片（见图 10.1），测定各测点的正应力，其中任一点的正应力值为

$$\sigma_i = E\varepsilon_i \tag{10.5}$$

式中　ε_i——叠合梁 i 点的实测应变；

　　　E——叠合梁材料的弹性模量（GPa）。

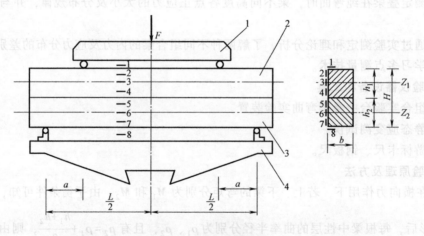

图 10.1　纯弯曲叠合梁

1—纯弯曲压头　2—上梁　3—下梁　4—弯曲台

实验过程中，在弹性极限内仍采用分段等间距加载的方法，即每施加载荷增量 ΔF_i，测定对应的应变增量 $\Delta\varepsilon_i$，从而得到各测点的实测应力值为

$$\overline{\Delta\sigma_i} = E\overline{\Delta\varepsilon_i} \tag{10.6}$$

各测点的理论值

$$\Delta\sigma_i = \frac{\Delta M y_i}{I}$$

4. 实验步骤

（1）设计好本实验所需的各类数据表格。

（2）测量矩形截面梁的宽度 b 和高度 h、载荷作用点到梁支点距离 a 及各应变片到中性层的距离 y_i。

（3）拟订加载方案。先选取适当的初载荷 P_0（一般取 $P_0 = 10\% P_{max}$ 左右），估算 P_{max}（该实验载荷范围 $P_{max} \leqslant 4000\mathrm{N}$），分 4~6 级加载。

（4）根据加载方案，调整好实验加载装置。

（5）按实验要求接好线，调整好仪器，检查整个测试系统是否处于正常工作状态。

（6）加载。均匀缓慢加载至初载荷 P_0，记下各点应变的初始读数；然后分级等增量加载，每增加一级载荷，依次记录各点电阻应变片的应变值 ε_i，直到最终载荷。实验至少重复两次。

（7）完成实验后，卸掉载荷，关闭电源，整理好所用仪器设备，清理实验现场，将所用仪器设备复原，实验资料交指导教师检查签字。

5. 实验结果处理

首先将各类数据（包括原始数据和实验记录数据）整理，以表格形式列出。

接着由下述公式分别计算实测应力值和理论应力值：

$$\overline{\Delta \sigma_i} = E \overline{\Delta \varepsilon_i} \tag{10.7}$$

$$\Delta \sigma_i = \frac{\Delta M y_i}{I} \tag{10.8}$$

式中　$\overline{\Delta \varepsilon_i}$——第 i 测点应变增量的平均值；

　　　y_i——第 i 测点到每根叠梁各自中性层 Z_i 的距离（mm）。

最后比较实验值与理论值的吻合情况，计算相对误差：

$$e = \frac{\Delta \sigma_i - \overline{\Delta \sigma_i}}{\Delta \sigma_i} \times 100\% \tag{10.9}$$

实验数据的记录及处理模板如下：

（1）数据记录

弹性模量　　　$E =$　　　　　　　　　应变片电阻值　　$\Omega =$

电阻片灵敏系数 $K =$　　　　　　　　　应变片灵敏系数 $K_{仪} =$

试件	梁高 /mm	梁宽 /mm	支座与压头支点间距离/mm	截面惯性矩 /m⁴	各电阻片位置到中性层的距离（中性轴以上取"–"，以下取"+"）(mm)	
叠梁	$h_1 =$ $h_2 =$	$b =$	$a =$	$I_z =$	$y_1 =$　mm $y_2 =$　mm $y_3 =$　mm $y_4 =$　mm	$y_5 =$　mm $y_6 =$　mm $y_7 =$　mm $y_8 =$　mm
楔块梁	$h_1 =$ $h_2 =$	$b =$	$a =$	$I_z =$	$y_1 =$　mm $y_2 =$　mm $y_3 =$　mm $y_4 =$　mm	$y_5 =$　mm $y_6 =$　mm $y_7 =$　mm $y_8 =$　mm

（2）载荷和应变

叠梁

次数	载荷 F /kN	载荷增量 ΔF /kN	测点①		测点②		测点③		测点④		测点⑤		测点⑥		测点⑦		测点⑧	
			应变	增量	应变	增量	应变	增量	应变	增量	应变	增量	应变	增量	应变	增量	应变	增量
1																		
2																		
3																		
4																		
5																		
6																		
7																		
8																		
9																		
平均			—		—		—		—		—		—		—		—	

	测点①	测点②	测点③	测点④	测点⑤	测点⑥	测点⑦	测点⑧
实验应力增量值 $\Delta\sigma_{实}=E\overline{\Delta\varepsilon_{实}}$/MPa								
理论应力增量值 $\Delta\sigma_{理}=\dfrac{\Delta My}{I_z}$/MPa								
相对误差(%) $\dfrac{\Delta\sigma_{理}-\Delta\sigma_{实}}{\Delta\sigma_{理}}$								

楔块梁

次数	载荷 F /kN	载荷增量 ΔF /kN	测点①		测点②		测点③		测点④		测点⑤		测点⑥		测点⑦		测点⑧	
			应变	增量	应变	增量	应变	增量	应变	增量	应变	增量	应变	增量	应变	增量	应变	增量
1																		
2																		
3																		
4																		
5																		
6																		
7																		
8																		
9																		
平均			—		—		—		—		—		—		—		—	

	测点①	测点②	测点③	测点④	测点⑤	测点⑥	测点⑦	测点⑧
实验应力增量值 $\Delta\sigma_{实}=E\overline{\Delta\varepsilon_{实}}$ /MPa								
理论应力增量值 $\Delta\sigma_{理}=\dfrac{\Delta M y}{I_z}$ /MPa								
相对误差（%） $\dfrac{\Delta\sigma_{理}-\Delta\sigma_{实}}{\Delta\sigma_{理}}$								

（3）画出应力沿梁高度的分布规律

叠梁　　　　　楔块梁

6. 思考题

（1）分析整梁（矩形截面 $H=2h$，$B=b$）、同种材料叠梁、不同材料叠梁在相同支撑和加载条件下承载能力的大小。

（2）上述三种梁的应力沿截面高度是怎样分布的，画出应力沿梁高度的分布规律。

（3）楔块梁的应力分布有什么特点，它与叠梁有何不同，内力性质有何变化？

（4）据测试结果如何判断各种梁是否有轴向力作用及轴向力产生的原因。

（5）叠梁弯曲正应力的大小是否会受材料弹性模量的影响，为什么？

第11章 弯扭组合变形的主应力测定

工程中，多数构件工作的一般形式是组合变形。由于组合变形一方面构件应力状态比较复杂，另一方面强度计算方法有时受到使用条件的限制，所以一些主要构件和一般构件的应力复杂部位的强度问题，往往必须通过实验应力分析才能得到满意的解决。因此，实验应力分析成为解决构件强度问题的必要手段。通过本实验，学会弯扭组合变形主应力的测量方法，认识实验应力分析在工程中的作用，全面了解电阻应变测量技术，并掌握操作方法。

1. 实验目的

（1）用电测法测定平面应力状态下主应力的大小及方向，并与理论值进行比较。

（2）测定薄壁圆筒在弯扭组合变形作用下的弯矩和扭矩。

（3）进一步掌握电测法。

2. 实验仪器设备和工具

（1）弯扭组合实验装置。

（2）静态应变测试仪。

（3）游标卡尺、钢板尺。

薄壁圆筒弯扭
组合试验

3. 实验原理和方法

（1）测定主应力大小和方向

薄壁圆筒受弯扭组合作用，使圆筒发生组合变形，圆筒的 m 点处于平面应力状态（见图 11.1）。在 m 点单元体上作用有由弯矩引起的正应力 σ_x，由扭矩引起的切应力 τ_n，主应力是一对拉应力 σ_1 和一对压应力 σ_3。单元体上的正应力 σ_x 和切应力 τ_n 可按下式计算：

$$\sigma_x = \frac{M}{W_z}, \quad \tau_n = \frac{M_n}{W_T} \tag{11.1}$$

式中　$M = PL$——弯矩（kN·m）；

　　　$M_n = Pa$——扭矩（kN·m）；

　　　W_z——抗弯截面模量（mm³），对空心圆筒：$W_z = \dfrac{\pi D^3}{32}\left[1 - \left(\dfrac{d}{D}\right)^4\right]$；

　　　W_T——抗扭截面模量（mm³），对空心圆筒：$W_T = \dfrac{\pi D^3}{16}\left[1 - \left(\dfrac{d}{D}\right)^4\right]$。

由二向应力状态分析可得到主应力及其方向

$$\genfrac{}{}{0pt}{}{\sigma_1}{\sigma_3} = \frac{\sigma_x}{2} \pm \sqrt{\left(\frac{\sigma_x}{2}\right)^2 + \tau_n^2}, \quad \tan 2\alpha_0 = \frac{-2\tau_n}{\sigma_x} \tag{11.2}$$

本实验装置采用的是 45°直角应变花，在 m、m' 点各贴一组应变花（见图 11.2），应变花上三个应变片的 α 角分别为 $-45°$、$0°$、$45°$，该点主应变和主方向

$$\genfrac{}{}{0pt}{}{\varepsilon_1}{\varepsilon_3} = \frac{(\varepsilon_{45°} + \varepsilon_{-45°})}{2} \pm \frac{\sqrt{2}}{2}\sqrt{(\varepsilon_{45°} - \varepsilon_{0°})^2 + (\varepsilon_{-45°} - \varepsilon_{0°})^2} \tag{11.3}$$

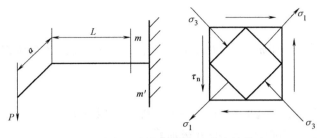

图 11.1　弯扭组合变形圆筒 m 点应力状态

$$\tan 2\alpha_0 = \frac{(\varepsilon_{45°} - \varepsilon_{-45°})}{(2\varepsilon_{0°} - \varepsilon_{45°} - \varepsilon_{-45°})} \tag{11.4}$$

主应力和主方向

$$\left.\begin{array}{c}\sigma_1\\[4pt]\sigma_3\end{array}\right\} = \frac{E(\varepsilon_{45°} + \varepsilon_{-45°})}{2(1-\mu)} \pm \frac{\sqrt{2}\,E}{2(1+\mu)} \sqrt{(\varepsilon_{45°} - \varepsilon_{0°})^2 + (\varepsilon_{-45°} - \varepsilon_{0°})^2} \tag{11.5}$$

$$\tan 2\alpha_0 = \frac{(\varepsilon_{45°} - \varepsilon_{-45°})}{(2\varepsilon_{0°} - \varepsilon_{45°} - \varepsilon_{-45°})} \tag{11.6}$$

（2）测定弯矩

薄壁圆筒虽为弯扭组合变形，但 m 和 m' 两点沿 x 方向只有因弯曲引起的拉伸和压缩应变，且两应变等值异号，因此将 m 和 m' 两点应变片 b 和 b'，采用不同组桥方式测量，即可得到 m、m' 两点由弯矩引起的轴向应变 ε_M，则截面 m-m' 的弯矩实验值为

$$M = E\varepsilon_M W_z = \frac{E\pi(D^4 - d^4)}{32D}\varepsilon_M \tag{11.7}$$

（3）测定扭矩

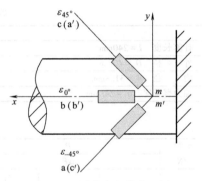

图 11.2　测点应变花布置图

当薄壁圆筒受纯扭转时，m 和 m' 两点 45° 方向和 −45° 方向的应变片都是沿主应力方向。且主应力 σ_1 和 σ_3 数值相等符号相反。因此，采用不同的组桥方式测量，可得到 m 和 m' 两点由扭矩引起的主应变 ε_n。因扭转时主应力 σ_1 和切应力 τ 相等，则可得到截面 m-m' 的扭矩实验值为

$$M_n = \frac{E\varepsilon_n}{(1+\mu)} \frac{\pi(D^4 - d^4)}{16D} \tag{11.8}$$

4. 实验步骤

（1）设计好本实验所需的各类数据表格。

（2）测量试件尺寸、加力臂长度和测点距力臂的距离，确定试件有关参数，见表 11.1。

（3）将薄壁圆筒上的应变片按不同测试要求接到仪器上，组成不同的测量电桥。调整好仪器，检查整个测试系统是否处于正常工作状态。

1）主应力大小、方向测定：将 m 和 m' 两点的所有应变片按半桥单臂、公共温度补偿法组成测量线路进行测量。

2）测定弯矩：将 m 和 m' 两点的 b 和 b′ 两只应变片按半桥双臂组成测量线路进行测量

$(\varepsilon = \dfrac{\varepsilon_d}{2})$。

3）测定扭矩：将 m 和 m' 两点的 a、c 和 a'、c' 四只应变片按全桥方式组成测量线路进行测量 $(\varepsilon = \dfrac{\varepsilon_d}{4})$。

（4）拟订加载方案。先选取适当的初载荷 P_0（一般取 $P_0 = 10\% P_{max}$ 左右），估算 P_{max}（该实验载荷范围 $P_{max} \leqslant 700N$），分 4~6 级加载。

（5）根据加载方案，调整好实验加载装置。

（6）加载。均匀缓慢加载至初载荷 P_0，记下各点应变的初始读数；然后分级等增量加载，每增加一级载荷，依次记录各点电阻应变片的应变值，直到最终载荷。实验至少重复两次，见表 11.2、表 11.3。

（7）完成实验后，卸掉载荷，关闭电源，整理好所用仪器设备，清理实验现场，将所用仪器设备复原，实验资料交指导教师检查签字。

（8）实验装置中，圆筒的管壁很薄，为避免损坏装置，注意切勿超载，不能用力扳动圆筒的自由端和力臂。

表 11.1 试件相关参考数据

圆筒的尺寸和有关参数	
计算长度 $L = 240mm$	弹性模量 $E = 206GPa$
外 径 $D = 40mm$	泊 松 比 $\mu = 0.26$
内 径 $d = 31.8mm$	
加力臂长度 $a = 248mm$	

表 11.2 实验数据

载荷		P		100	200	300	400	500	
/N		ΔP		100	100	100	100		
各测点电阻应变仪读数 $\mu\varepsilon$	m 点	45°	ε_P						
			$\Delta\varepsilon_P$						
			平均值						
		0	ε_P						
			$\Delta\varepsilon_P$						
			平均值						
		−45°	ε_P						
			$\Delta\varepsilon_P$						
			平均值						
	m' 点	45°	ε_P						
			$\Delta\varepsilon_P$						
			平均值						
		0°	ε_P						
			$\Delta\varepsilon_P$						
			平均值						
		−45°	ε_P						
			$\Delta\varepsilon_P$						
			平均值						

表 11.3　实验数据

载荷/N			P	100	200	300	400	500	600
			ΔP	100	100	100	100	100	
电阻应变仪读数 $\mu\varepsilon$	弯矩 ε_M	ε_P							
		$\Delta\varepsilon_P$							
		平均值							
	扭矩 ε_n	ε_P							
		$\Delta\varepsilon_P$							
		平均值							

5. 实验结果处理

（1）主应力及方向

m 或 m' 点实测值主应力及方向计算

$$\left.\begin{array}{c}\sigma_1\\\sigma_3\end{array}\right.=\frac{E(\varepsilon_{45°}+\varepsilon_{-45°})}{2(1-\mu)}\pm\frac{\sqrt{2}E}{2(1+\mu)}\sqrt{(\varepsilon_{45°}-\varepsilon_{0°})^2+(\varepsilon_{-45°}-\varepsilon_{0°})^2} \tag{11.9}$$

$$\tan2\alpha_0=\frac{(\varepsilon_{45°}-\varepsilon_{-45°})}{(2\varepsilon_{0°}-\varepsilon_{45°}-\varepsilon_{-45°})} \tag{11.10}$$

m 或 m' 点理论值主应力及方向计算

$$\left.\begin{array}{c}\sigma_1\\\sigma_3\end{array}\right.=\frac{\sigma_x}{2}\pm\sqrt{\left(\frac{\sigma_x}{2}\right)^2+\tau_n^2} \tag{11.11}$$

$$\tan2\alpha_0=\frac{-2\tau_n}{\sigma_x} \tag{11.12}$$

（2）弯矩及扭矩

m-m' 实测值弯曲应力及剪应力计算

弯曲应力
$$\sigma_M=E\cdot\overline{\varepsilon_M} \tag{11.13}$$

切应力
$$\tau_n=\sigma_1=\frac{E\overline{\varepsilon_n}}{(1+\mu)} \tag{11.14}$$

弯矩
$$M=E\overline{\varepsilon_M}W_z=\frac{E\pi(D^4-d^4)}{32D}\varepsilon_M \tag{11.15}$$

扭矩
$$M_n=\frac{E\pi(D^4-d^4)}{16D(1+\mu)}\varepsilon_n \tag{11.16}$$

m-m' 理论值弯曲应力及剪应力计算

弯曲应力
$$\sigma=\frac{32MD}{\pi(D^4-d^4)} \tag{11.17}$$

切应力
$$\tau=\frac{16M_nD}{\pi(D^4-d^4)} \tag{11.18}$$

弯矩
$$M=\Delta P\cdot L \tag{11.19}$$

扭矩
$$M_n=\Delta P\cdot a \tag{11.20}$$

（3）实验值与理论值比较

m 或 m' 点主应力及方向

比较内容		实验值	理论值	相对误差(%)
m 点	σ_1/MPa			
	σ_3/MPa			
	$\alpha_0/(°)$			
m' 点	σ_1/MPa			
	σ_3/MPa			
	$\alpha_0/(°)$			

$m\text{-}m'$ 截面弯矩和扭矩

比较内容	实验值	理论值	相对误差(%)
σ_M/MPa			
τ_n/MPa			
$M/(\text{N}\cdot\text{m})$			
$M_n/(\text{N}\cdot\text{m})$			

6. 思考题

（1）如果测点紧靠固定端，实测应力将如何变化？原因何在？

（2）主应力测量中，45°直角应变花是否可沿任意方向粘贴？

（3）画出指定点的应力状态图。

（4）对测量结果进行分析讨论，误差的主要原因是什么？

第 12 章　偏心拉伸实验

工程中，存在受与杆件轴线平行方向拉力作用的构件，此时受拉构件为偏心拉伸状态，其变形形式为组合变形。组合变形的构件处于复杂应力状态，其应力复杂部位的强度问题，往往必须通过实验应力分析才能得到满意的解决。通过本实验，进一步了解复杂应力状态下应力的测量方法，认识实验应力分析在工程中的作用，全面了解电阻应变测量技术，并掌握操作方法。

1. 实验目的

(1) 测定偏心拉伸时最大正应力，验证叠加原理的正确性。

(2) 分别测定偏心拉伸时由拉力和弯矩所产生的应力。

(3) 测定偏心距。

(4) 测定弹性模量 E。

2. 实验仪器设备与工具

(1) 组合实验台拉伸部件。

(2) 静态应变测试仪。

(3) 游标卡尺、钢板尺。

3. 实验原理和方法

偏心拉伸试件，在外载荷作用下，其轴力 $F_N = P$，弯矩 $M = Pe$，其中 e 为偏心距。根据叠加原理，得横截面上的应力为单向应力状态，其理论计算公式为拉伸应力和弯曲正应力的代数和，即

$$\sigma = \frac{P}{A_0} \pm \frac{6M}{hb^2} \tag{12.1}$$

偏心拉伸试件及应变片的布置方法如图 12.1 所示，R_1 和 R_2 分别为试件两侧上的两个对称点。则

$$\varepsilon_1 = \varepsilon_P + \varepsilon_M, \quad \varepsilon_2 = \varepsilon_P - \varepsilon_M \tag{12.2}$$

式中　ε_P——轴力引起的拉伸应变；

　　　ε_M——弯矩引起的应变。

根据桥路原理，采用不同的组桥方式，即可分别测出与轴向力及弯矩有关的应变值。从而进一步求得弹性模量 E、偏心距 e、最大正应力和分别由轴力、弯矩产生的应力。

可直接采用半桥单臂方式测出 R_1 和 R_2 受力产生的应变值 ε_1 和 ε_2，通过式 (12.2) 算出轴力引起的拉伸应变 ε_P 和弯矩引起的应变 ε_M；也可采用邻臂桥路接法直接测出弯矩引起的应变 ε_M（采用此接桥方式不需温度补偿片，接线见图 12.2a）；采用对臂桥路接法可直接测出轴向力引起的应变 ε_P（采用此接桥方式需加温度补偿片，接线见图 12.2b）。

4. 实验步骤

(1) 设计好本实验所需的各类数据表格。

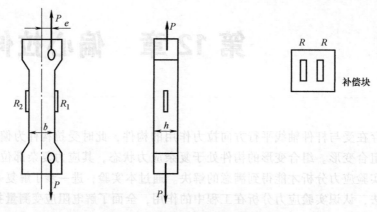

图 12.1　偏心拉伸试件及布片图

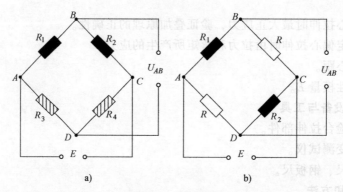

图 12.2　接线图

（2）测量试件尺寸。在试件标距范围内，测量试件三个横截面尺寸，取三处横截面面积的平均值作为试件的横截面面积 A_0，见表 12.1。

表 12.1　试件相关参考数据

试件	厚度 h/mm	宽度 b/mm	横截面面积 $A_0 = bh$/mm^2
截面 I	4.8	30	
截面 II	4.8	30	
截面 III	4.8	30	
平均	4.8	30	
弹性模量 $E = 206$GPa			
泊松比 $\mu = 0.26$			
偏心距 $e = 10$mm			

（3）拟订加载方案。先选取适当的初载荷 P_0（一般取 $P_0 = 10\% \, P_{max}$ 左右），估算 P_{max}（该实验载荷范围 $P_{max} \leqslant 5000$N），分 4~6 级加载。

（4）根据加载方案，调整好实验加载装置。

（5）按实验要求接好线，调整好仪器，检查整个测试系统是否处于正常工作状态。

（6）加载。均匀缓慢加载至初载荷 P_0，记下各点应变的初始读数；然后分级等增量加载，每增加一级载荷，依次记录应变值 ε_P 和 ε_M，直到最终载荷。实验至少重复两次，见表 12.2。半桥单臂测量数据表格及其他组桥方式实验表格可根据实际情况自行设计。

（7）完成实验后，卸掉载荷，关闭电源，整理好所用仪器设备，清理实验现场，将所用仪器设备复原，实验资料交指导教师检查签字。

表 12.2 实验数据

载荷/N	P	1000	2000	3000	4000	5000	
	ΔP	1000	1000	1000	1000		
应变仪读数 /$\mu\varepsilon$	ε_1						
	$\Delta\varepsilon_1$						
	平均值						
	ε_2						
	$\Delta\varepsilon_2$						
	平均值						

5. 实验结果处理

（1）求弹性模量 E

$$\varepsilon_P = \frac{(\varepsilon_1 + \varepsilon_2)}{2} \tag{12.3}$$

$$E = \frac{\Delta P}{A_0 \varepsilon_P} \tag{12.4}$$

（2）求偏心距 e

$$\varepsilon_M = \frac{(\varepsilon_1 - \varepsilon_2)}{2} \tag{12.5}$$

$$e = \frac{Ehb^2}{6\Delta P}\varepsilon_M \tag{12.6}$$

（3）应力计算

理论值

$$\sigma = \frac{P}{A_0} \pm \frac{6M}{hb^2} \tag{12.7}$$

实验值

$$\sigma_{\max} = E(\varepsilon_P + \varepsilon_M) \tag{12.8}$$

$$\sigma_{\min} = E(\varepsilon_P - \varepsilon_M) \tag{12.9}$$

第 13 章　金属轴件的高低周拉、扭疲劳实验

金属材料在交变应力长期作用下发生局部累计损伤，经一定循环次数突然发生断裂的现象称作疲劳破坏。疲劳破坏是一个裂纹形成、扩展直至最终断裂的过程。在工作应力超过疲劳极限 σ_r 时，由于循环应力的反复交变，构件上应力最大或材料最薄弱的地方首先形成微裂纹，随着循环次数的增加，裂纹按一定速率逐渐扩展，而构件的承载面积逐渐减少，当裂纹面上的应力达到材料的断裂强度时，就突然发生断裂。裂纹扩展时，高应变塑性区只限于裂纹尖端附近。断裂时，宏观上没有明显的塑性变形，因此表现为脆断。疲劳断口明显地分成光滑区（裂纹扩展区）和粗糙区（最后断裂区），如图 13.1 所示。

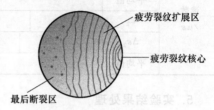

图 13.1　疲劳断口

疲劳断裂破坏常在没有任何先兆的情况下突然发生，具有很大的危险性。灾难性的疲劳破坏事故引起广泛关注并推动疲劳研究工作不断深入。经过长期的研究，材料与构件的疲劳形成一门新兴的学科。金属疲劳实验在对疲劳破坏的机理研究中占有非常重要的地位。

金属材料标准试样在交变应力作用下发生疲劳断裂前所经历的应力循环次数称为材料的疲劳寿命 N。构件的疲劳寿命不仅与交变应力类型、应力幅值有关，同时也与构件形状、尺寸和表面粗糙度等多种因素有关。

应力疲劳实验采用标准的光滑小试样，在一定的循环特性 r（$r = \sigma_{min}/\sigma_{max}$）下，控制循环应力的幅值，测取试样的疲劳寿命 N。应力幅值越小，疲劳寿命越长。对于黑色金属，如碳素钢，若在某种交变应力（如 $r = -1$ 的对称循环交变应力）的某一应力水平下经受 10^7 次循环，试样仍未破坏，则认为该试样在这一应力水平下可以承受无限次循环而不发生破坏。因此，通常在实验中以对应于寿命 $N_0 = 10^7$ 的最大应力 σ_{max}，作为材料的疲劳极限 σ_r。但是，对于有色金属和某些合金钢却不存在这一性质，降低交变应力的应力水平，疲劳寿命会增加，在经受 10^7 次循环后，仍会发生疲劳断裂破坏。因而，对这些金属，常以破坏循环次数为 $N_0 = 10^7$ 或 10^8 所对应的最大应力值作为该材料的条件疲劳极限，10^7 或 10^8 称为循环基数。

当交变应力的最大值 σ_{max} 大于材料的疲劳极限 σ_r 时，试件会对应低于循环基数的某一寿命 N。把相同循环特性及条件下疲劳实验得到的一系列循环最大应力 σ_{max} 和寿命 N 以及材料的疲劳极限 σ_r，以 σ_{max} 为纵坐标，N 为横坐标，绘成交变最大应力 σ_{max} 与疲劳寿命 N 的关系曲线，即 $\sigma_{max}\text{-}N$ 曲线（通常又称为 $S\text{-}N$ 曲线），如图 13.2 所示。用 $S\text{-}N$ 曲线可以表征材料的应力疲劳性能。

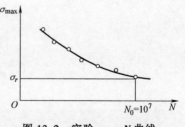

图 13.2　实验 $\sigma_{max}\text{-}N$ 曲线

要测绘某种金属材料的 S-N 曲线，需要 13 根以上标准光滑小试样，设定五级应力水平，测出一系列交变最大应力 σ_{max} 和相应寿命 N 的数据，用最佳拟合法绘制。实验过程中对各级应力水平要精心选择，以便用尽量少的试样获得较理想的测试结果。

本实验因时间、物力消耗太多，加之学时有限，在有条件的情况下只能进行参观性实验，了解实验设备、实验原理和测试方法。

1. 实验目的和要求

(1) 了解金属材料 S-N 曲线的测试方法。

(2) 了解金属材料疲劳性能测试的有关实验设备。

(3) 观察金属疲劳破坏断口形貌的特征。

2. 实验设备和仪器

(1) 高频疲劳试验机。

(2) 微机控制扭转疲劳试验机。

(3) 拉扭组合疲劳试验机。

3. 实验内容

(1) 观察疲劳破坏实物，了解疲劳断口形貌特征。

(2) 观察高频疲劳试验机，了解其工作原理；观看轴向拉压疲劳试样，了解其安装方式；开启电源，观察试样承受拉、压交变载荷时的情况。

(3) 观察微机控制扭转疲劳试验机，了解其工作原理；开动试验机，演示试样承受扭转交变载荷时的情况。

(4) 观察拉扭组合疲劳试验机，了解其工作原理；开动试验机，演示试样承受拉扭组合交变载荷时的情况。

4. 思考题

(1) 什么是"金属疲劳"，疲劳破坏的机理是什么？

(2) 疲劳断口有什么特点？

(3) 在应变疲劳实验中，材料的循环应力-应变曲线是如何测绘的？

第 14 章　冲击实验

两物体瞬间发生运动速度急剧改变（加速度很大）而产生很大作用的现象称为冲击或撞击，如锻造机械、冲床、机车的启动或制动等导致有关零部件所承受的载荷即为冲击载荷。一般从材料的弹性、塑性和断裂这三个阶段来描述材料在冲击载荷作用下的破坏过程。在线弹性阶段，材料力学性能与静载下基本相同，如材料的弹性模量 E 和泊松比 μ 无变化。因为弹性变形是以声速在弹性介质中传播的，它总能跟得上外加载荷的变化步伐，所以加速度对材料的弹性行为及其相应的力学性能没有影响。塑性变形的传播比较缓慢，加载速度太大塑性变形就来不及充分进行。另外塑性变形相对加载速度滞后，从而导致变形抗力的提高，宏观表现为屈服点有较大的提高，而塑性下降。另外，塑性材料随着温度的降低其塑性向脆性转变，所以常用冲击实验来确定中低强度钢材的冷脆性转变温度。

材料的抗冲击能力用冲击韧性来表示。冲击实验的分类方法较多，从温度上分有高温、常温、低温三种；从受力形式上分有冲击拉伸、冲击扭转、冲击弯曲和冲击剪切；从能量上分有大能量一次冲击和小能量多次冲击等。材料力学实验中的冲击实验是指常温简支梁大能量一次冲击实验。

实验之前，需要将金属材料按照冲击实验标准加工成长方形或矩形试样。由于在有缺口的情况下，随变形速度的增大，材料的韧性总是下降，所以为更好地反映材料的脆性倾向和对缺口的敏感性，通常用中心部位切成 V 形缺口或 U 形缺口的试样进行冲击实验。

冲击试验机的原理如图 14.1 所示。冲击试验机必须具有一个刚性较好的底座和机身，机身上安装有摆锤（冲锤）、表盘和指针等。表盘和摆锤重量根据试样承载能力的大小选择，一般备有两个规格的摆锤供实验使用。

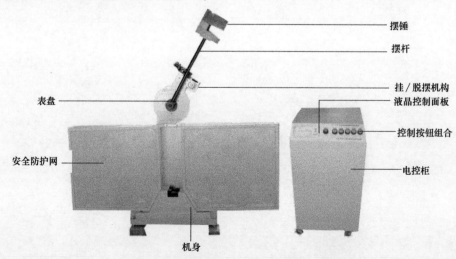

图 14.1　液晶全自动摆锤冲击试验机外形图

实验时，用特殊工具把试样正确定位在一冲击试验机上，且缺口处在冲弯受拉边，冲击载荷作用点在缺口背面，如图 14.1 所示。将冲击试验机摆锤提升到一定高度，然后使冲锤自由下摆以冲断试样。从表盘上读出试样受冲直到断裂所吸收的能量。为避免材料不均匀和缺口的误差对冲击韧性的影响，每次实验必须连续冲断一组试样。试样受到冲击时，缺口根部材料处于三向拉伸应力状态。由理论分析和实验得知，即使是很好的塑性材料，在三向拉应力作用下，也会发生脆性破坏。低碳钢这种塑性材料的冲击实验恰恰证明了这一点。在距缺口根部一定距离后，逐渐呈现韧性断裂，亦称剪切断裂，韧性和脆性断口面积的比值的百分数，也是衡量材料抵抗冲击能力的重要指标之一。

1．实验目的和要求

（1）观察分析低碳钢和铸铁两种材料在常温冲击下的破坏情况和断口形貌，并且进行比较。

（2）测定低碳钢和铸铁两种材料的冲击韧性 α_k 值。

（3）了解冲击实验方法。

2．实验设备和仪器

（1）冲击试验机。

（2）游标卡尺。

（3）冲击试样（低碳钢和铸铁）。

3．试样的制备

常用的标准冲击试样有两种，一种为 V 形缺口标准冲击试样（见图 14.2），一种是 U 形缺口标准冲击试样（见图 14.3），具体制作可参照标准。试样开缺口的目的是为了在缺口附近造成应力集中，使塑性变形局限在缺口附近不大的体积范围内，并保证试样一次就被冲断，使断裂就发生在缺口处。α_k 对缺口的形状和尺寸十分敏感，缺口越深、越尖锐，α_k 值越低，材料的脆化倾向越严重。因此，同样材料用不同缺口试样测定的 α_k 值不能相互取代或直接比较。铸铁、工具钢等一类的材料，由于材料很脆，很容易冲断，试样一般不开缺口。

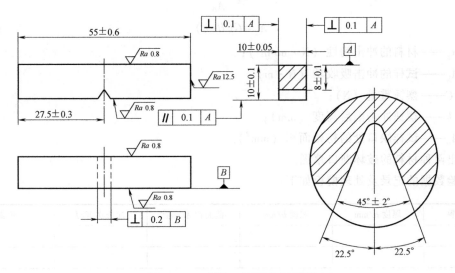

图 14.2　V 形缺口标准冲击试样

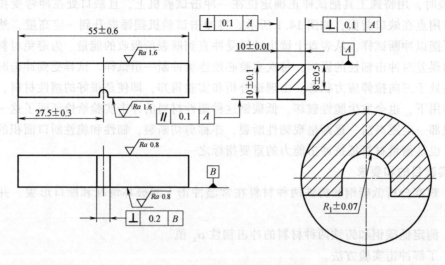

图 14.3　U 形缺口标准冲击试样

4. 实验步骤

首先测定试样缺口处的截面尺寸，测量三次，取平均值。接着选择试验机度盘和摆锤大小；打开电源开关，按动提升按钮，使摆杆扬起一定高度；安装冲击试样，注意缺口居中并处于受拉边，按动下落按钮，使摆杆自由下落，冲断试样；冲击后，按动快停按钮，使摆杆快速停止摆动。最后在度盘上记下试样 A_k 值，观察断口形貌。

5. 实验结果处理

试样冲断后，冲击试验机记录最大能量 A_k 值，A_k 即为试样被冲断所吸收的功。A_0 为试样缺口处的最小横截面积，则材料的冲击韧性为

$$\alpha_k = \frac{A_k}{A_0} \tag{14.1}$$

$$A_k = G(H - h) \tag{14.2}$$

式中　α_k ——材料的冲击韧性（$N \cdot m/m^2$）；

　　　A_k ——试样的冲击吸收功（$N \cdot m$）；

　　　G ——摆锤重量（N）；

　　H、h ——摆锤冲击前后高度（mm）；

　　　A_0 ——试样缺口处的初始面积（mm^2）。

画出两种材料的破坏断口草图。

实验数据的记录及处理模板如下：

材　料	厚度 h/mm	宽度 b/mm	截面积 A/mm^2	冲击功 W/J	室　温
冲击韧性 $\alpha_k = W/A =$					

6．实验注意事项

（1）摆杆摆动平面的两侧设置安全网，以防止试样断裂飞出伤人。

（2）冲击时在场人员须站在摆杆摆动平面的两侧，严禁迎着摆锤站立。

（3）摆杆扬起，安放试样时，任何人不准按动摆杆下落按钮，以防摆杆下摆冲击伤人。

7．思考题

（1）简要说明冲击韧性的意义及其应用。

（2）冲击韧度是相对指标还是绝对指标？

（3）分析比较低碳钢与铸铁在冲击载荷作用下所表现的力学性能及破坏特性。

（4）试解释缺口附近产生脆性破坏的原因。

第 15 章　压杆稳定实验

对于轴向受压的理想细长直杆，按小变形理论，其临界压力可由欧拉公式求得，当压杆实际所受压力小于临界压力时，压杆保持原有的直线平衡形态而处于稳定平衡状态；当压杆实际所受压力等于临界压力时，压杆处于临界状态，可以在微弯的情况下保持平衡。通过本实验得到压杆的临界压力，验证欧拉公式。

1. 实验目的

（1）用电测法测定两端铰支压杆的临界载荷 P_{cr}，并与理论值进行比较，验证欧拉公式。

（2）观察两端铰支压杆丧失稳定的现象。

2. 实验仪器设备与工具

（1）材料力学组合实验台中压杆稳定实验部件。

（2）静态电阻应变仪。

（3）游标卡尺、钢板尺。

3. 实验原理和方法

对于两端铰支，中心受压的细长杆其临界力可按欧拉公式计算：

$$P_{cr} = \frac{\pi^2 E I_{min}}{L^2} \tag{15.1}$$

式中　$I_{min} = \dfrac{bh^3}{12}$——压杆横截面的最小惯性矩（$mm^4$）；

　　　　L——压杆的计算长度（mm）。

图 15.1b 中 AB 竖线与 P 轴相交的 P 值，即为依据欧拉公式计算所得的临界力 P_{cr} 的值。在 A 点之前，当 $P < P_{cr}$ 时压杆始终保持直线形式，处于稳定平衡状态；在 A 点，$P = P_{cr}$ 时，标志着压杆丧失稳定平衡的开始，压杆可在微弯的状态下维持平衡；在 A 点之后，当 $P > P_{cr}$ 时，压杆将丧失稳定而发生弯曲变形。因此，P_{cr} 是压杆由稳定平衡过渡到不稳定平衡的临界力。

实际实验中的压杆，不可避免地存在初曲率、材料不均匀和载荷偏心等因素影响，由于这些影响，在 $P \ll P_{cr}$ 时，压杆也会发生微小的弯曲变形，只是当 P 接近 P_{cr} 时弯曲变形会突然增大，而丧失稳定。

实验测定 P_{cr} 时，可采用本材料力学多功能实验装置中压杆稳定实验部件，该装置上、下支座为 V 形槽口，将带有圆弧尖端的压杆装入支座中，在外力的作用下，通过能上下活动的上支座对压杆施加载荷，压杆变形时，两端能自由地绕 V 形槽口转动，即相当于两端铰支的情况。利用电测法在压杆中央两侧各贴一枚应变片 R_1 和 R_2，如图 15.1a 所示。假设压杆受力后如图标向右弯曲情况下，以 ε_1 和 ε_2 分别表示应变片 R_1 和 R_2 左右两点的应变

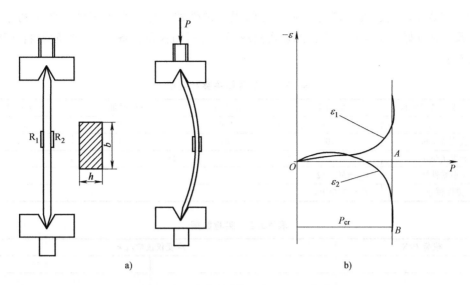

图 15.1　弯曲状态的压杆和 $P\text{-}\varepsilon$ 曲线

值。此时，ε_1 是由轴向压应变与弯曲产生的压应变之代数和，ε_2 则是由轴向压应变与弯曲产生的拉应变之代数和。

当 $P \ll P_{cr}$ 时，压杆几乎不发生弯曲变形，ε_1 和 ε_2 均为轴向压缩引起的压应变，两者相等，当载荷 P 增大时，弯曲应变 ε_1 则逐渐增大，ε_1 和 ε_2 的差值也越来越大；当载荷 P 接近临界力 P_{cr} 时，二者相差更大，而 ε_2 变成拉应变。故无论是 ε_1 还是 ε_2，当载荷 P 接近临界力 P_{cr} 时，均急剧增加。如用横坐标代表载荷 P，纵坐标代表压应变$-\varepsilon$，则压杆的 $P\text{-}\varepsilon$ 关系曲线如图 15.1b 所示。可以看出，当 P 接近 P_{cr} 时，$P\text{-}\varepsilon_1$ 和 $P\text{-}\varepsilon_2$ 曲线都接近同一渐进线 AB，A 点对应的横坐标大小即为实验临界压力值。

4. 实验步骤

（1）设计好本实验所需的各类数据表格。

（2）测量试件尺寸。在试件标距范围内，测量试件三个横截面尺寸，取三处横截面的宽度 b 和厚度 h 的平均值用于计算横截面的最小惯性矩 $I_{\min}$，见表 15.1。

（3）拟订加载方案。加载前用欧拉公式求出压杆临界压力 P_{cr} 的理论值，在预估临界力值的 80% 以内，可采取大等级加载，进行载荷控制。例如可以分成 4~5 级，载荷每增加一个 ΔP，记录相应的应变值一次，超过此范围后，当接近失稳时，变形量快速增加，此时载荷量应取小些，或者改为变形量控制加载，即变形每增加一定数量读取相应的载荷，直到 ΔP 的变化很小，出现四组相同的载荷或渐进线的趋势已经明显为止（此时可认为此载荷值为所需的临界载荷值）。

（4）根据加载方案，调整好实验加载装置。

（5）按实验要求接好线，调整好仪器，检查整个测试系统是否处于正常工作状态。

（6）加载分成两个阶段，在达到理论临界载荷 P_{cr} 的 80% 之前，由载荷控制，均匀缓慢加载，每增加一级载荷，记录两点应变值 ε_1 和 ε_2；超过理论临界载荷 P_{cr} 的 80% 之后，由变形控制，每增加一定的应变量读取相应的载荷值。当试件的弯曲变形明显时即可停止加载。卸掉载荷。实验至少重复两次，见表 15.2。

（7）完成实验后，逐级卸掉载荷，仔细观察试件的变化，直到试件回弹至初始状态。关闭电源，整理好所用仪器设备，清理实验现场，将所用仪器设备复原，实验资料交指导教师检查签字。

表 15.1　试件相关参考数据

试件参数及有关资料	截面 I	截面 II	截面 III	平均值
厚度 h/mm	1.9	1.9	1.9	1.9
宽度 b/mm	20	20	20	20
长度 L/mm		318		
最小惯性矩	$I_{min} = bh^3/12$			
弹性模量	$E = 206$GPa			

表 15.2　实验数据

载荷 P/N	应变仪读数/$\mu\varepsilon$

5. 实验结果处理

（1）用方格纸绘出 P_j-ε_1 和 P_j-ε_2 曲线，以确定实测临界力 $P_{cr实}$

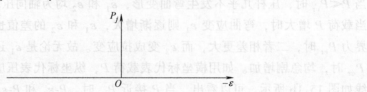

（2）理论临界力 $P_{cr理}$ 计算

试件最小惯性矩　　$I_{min} = \dfrac{bh^3}{12} =$ 　　　　　　　　　m^4

试件长度　　　　　$L =$ 　　　　　　　　　m

理论临界力　　　　$P_{cr理} = \dfrac{\pi^2 E I_{min}}{L^2}$

（3）实验值与理论值比较

实验值 $P_{cr实}$	
理论值 $P_{cr理}$	
误差百分率 $\|P_{cr理} - P_{cr实}\|/P_{cr理} \times 100\%$	

6. 思考题

（1）欧拉公式的适用范围是什么？

（2）压缩实验与压杆稳定实验目的有何不同？

（3）对同一试样，当支承条件不同时，压屈后的弹性曲线及承载力是否相同？

第16章　光弹性演示实验

光弹性测试方法是光学与力学紧密结合的一种测试技术，其特点是：直观性强，可靠性高，能直接观察到构件的全场应力分布情况。特别是对于解决复杂构件、复杂载荷下的应力测量问题，以及确定构件的应力集中部位，测量应力集中系数等问题，光弹性法测试方法更显得有效，光弹性实验的基本原理可参见第3章。

1. 实验目的与要求

（1）了解光弹性实验的基本原理和方法，认识光弹性仪。

（2）观察模型受力时的条纹图案，识别等差线和等倾线。

2. 实验设备和仪器

（1）由环氧树脂或聚碳酸酯制作的试件模型。

（2）光弹性仪。

3. 演示实验

（1）介绍光弹性实验的基本原理，认识光弹性仪的组成。

（2）指导观察试样，并测量试样尺寸。

（3）开启光源，通过起偏镜与检偏镜的转动演示平面偏振场的暗场与明场。

（4）对模型进行加载，指导观察成像变化。

（5）采用单色光或白色光，在正交平面偏振场下，给模型施加适量载荷，使等差线不十分明显，演示观察等倾线。

（6）通过起、检偏镜的同步转动（保证其偏振轴互相垂直），演示不同角度的等倾线。

（7）安装1/4波片，消除等倾线，调整载荷，观察等差线。

第 17 章　单转子动力学实验

　　在机械的旋转部件中，具有固定旋转轴的部件称为转子。如果一个转子的质量分布均匀，在旋转时对轴承只产生静压力，则称为平衡的转子。反之，旋转时对轴承除产生静压力外还有附加动压力，则是不平衡的转子。

　　当转子旋转时，所有的质量单元产生的惯性力都将使转子变形，并使转子挠曲。如果转子是刚性的，则不会变形，但完全刚性的转子实际上并不存在。如果转子的重量不大，转轴跨距不长，转速也不高，则旋转时转子变形很小，其影响可以忽略不计，可假设这种转子为刚性转子。

　　本实验采取一种刚性转子动平衡常用的方法——两平面影响系数法。该方法无须专用平衡机，只要求一般的振动测量，适合在转子工作现场进行平衡作业。刚性转子动平衡测试装置如图 17.1 所示。

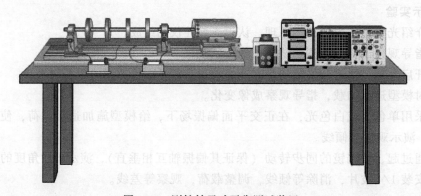

图 17.1　刚性转子动平衡测试装置

　　根据理论力学的动静法原理，一匀速旋转的长转子，其上连续分布的离心惯性力系，可向质心 C 简化为一合力（主矢）F_R 和一合力偶矩 M_C（主矩）。如果转子的质心恰在转轴上，且转轴恰好是转子的惯性主轴，则合力 F_R 和合力偶矩 M_C 的值均为零。这种情况称转子是平衡的；反之，不满足上述条件的转子是不平衡的。不平衡转子的轴与轴承之间产生交变的作用力和反作用力，可引起轴承座和转轴本身的强烈振动，从而影响机器的工作性能和工作寿命。

　　刚性转子动平衡的目标是使离心惯性力的合力和合力偶矩的值趋近于零。为此，我们可以在转子上任意选定两个截面 Ⅰ、Ⅱ，在离轴心一定距离 r_1、r_2（称校正半径），与转子上某一参考标记成夹角 θ_1、θ_2 处，分别附加一块质量为 m_1、m_2 的重块（称校正质量）。如能使两质量 m_1 和 m_2 的离心惯性力（其大小分别为 $m_1 r_1 \omega$ 和 $m_2 r_2 \omega$，ω 为转动角速度）的合力和合力偶正好与原不平衡转子的离心惯性力系相平衡，那么就实现了刚性转子的动平衡。

　　两平面影响系数法的过程如下。

在额定的工作转速或任选的平衡转速下，检测原始不平衡引起的轴承或轴颈 A、B 在某方位的振动量 $V_{10} = |V_{10}| \angle \varphi_1$ 和 $V_{20} = |V_{20}| \angle \varphi_2$，其中 $|V_{10}|$ 和 $|V_{20}|$ 是振动位移、速度或加速度的幅值，φ_1 和 φ_2 是振动信号对于转子上与参考标记有关的参考脉冲的相位角。

根据转子的结构，选定两个校正面 I、II 并确定校正半径 r_1、r_2。先在平面 I 上加一试重 $\Omega_1 = m_{11} \angle \beta_1$，其中 $m_{11} = |\Omega_1|$ 为试重质量，β_1 为试重相对参考标记的方位角，以顺转向为正。在相同转速下测量轴承 A、B 的振动量 V_{11} 和 V_{21}。

矢量关系如图 17.2a、b 所示。显然，矢量 $V_{11} - V_{10}$ 及 $V_{21} - V_{20}$ 为平面 I 上加试重 Ω_1 所引起的轴承振动的变化，称为试重 Ω_1 的效果矢量。方位角为零度的单位试重的效果矢量称为影响系数。因而，我们可由下面式子求影响系数：

$$\alpha_{11} = \frac{|V_{11} - V_{10}|}{Q_1} \tag{17.1}$$

$$\alpha_{21} = \frac{|V_{21} - V_{20}|}{Q_1} \tag{17.2}$$

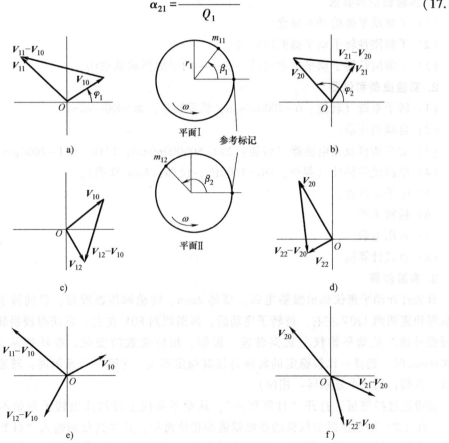

图 17.2 矢量关系图

取走 Ω_1，在平面 II 上加试重 $\Omega_2 = m_{12} \angle \beta_2$，$m_{12} = |\Omega_2|$ 为试重质量，β_2 为试重方位角。同样测得轴承 A、B 的振动量 V_{12} 和 V_{22}，从而求得效果矢量 $V_{12} - V_{10}$ 和 $V_{22} - V_{20}$（图 17.2c、d）及影响系数：

$$\alpha_{12} = \frac{|V_{12} - V_{10}|}{Q_2} \tag{17.3}$$

$$\alpha_{22} = \frac{|V_{22} - V_{20}|}{Q_2} \tag{17.4}$$

校正平面 I、II 上所需的校正量 $p_1 = m_1 \angle \theta_1$ 和 $p_2 = m_2 \angle \theta_2$，可通过解矢量方程组求得

$$\begin{cases} \alpha_{11}p_1 + \alpha_{12}p_2 = -V_{10} \\ \alpha_{21}p_1 + \alpha_{22}p_2 = -V_{20} \end{cases} \tag{17.5}$$

$$\begin{bmatrix} \alpha_{11} & \alpha_{12} \\ \alpha_{21} & \alpha_{22} \end{bmatrix} \begin{bmatrix} p_1 \\ p_2 \end{bmatrix} = -\begin{bmatrix} V_{10} \\ V_{20} \end{bmatrix} \tag{17.6}$$

$m_1 = |p_1|$、$m_2 = |p_2|$ 为校正质量，θ_1、θ_2 为校正方位角。

求解矢量方程最好能使用计算机。根据计算结果，在转子上安装校正质量，重新起动转子，如振动已减小到满意程度，则平衡结束，否则可重复上面步骤，再进行一次修正平衡。

1. 实验目的和要求

（1）了解动平衡的基本概念。

（2）了解刚性转子动平衡测试装置。

（3）了解刚性转子动平衡常用的方法——两平面影响系数法。

2. 实验设备和仪器

（1）转子系统（转速：$0 \sim 4000 \text{r/min}$，临界转速：$\geq 5000 \text{r/min}$）。

（2）自耦调压器。

（3）动平衡仪及光电换器（转速：$200 \sim 600000 \text{r/min}$；位移：$0.1 \sim 2000 \mu m$）。

（4）电涡流位移计（频率：$DC \sim 1000 Hz$；位移：2mm 峰值）。

（5）电子示波器。

（6）精密天平。

（7）万用电表。

（8）台式计算机。

3. 实验步骤

首先打开动平衡仪和示波器电源，预热 2min。转动调压器旋钮，启动转子，供电电压可从零快速调到 120V 左右，待转子启动后，再退回到 80V 左右，以获得较慢转速。用调压器慢慢升速。从动平衡仪上观察转速、振幅、相位读数的变化。在转速从 2000r/min 至 3000r/min 时，选择一比较稳定的转速并使其稳定不变。（第一个显示屏：转速；第二个显示屏：振幅；第三个显示屏：相位）

接着通过控制板，打开"计算程序"，从动平衡仪上分别读出转子原始不平衡引起左（A）、右（B）轴承座振动位移的振幅幅值和相位角和，并将其分别输入"计算程序"面板的相应位置；转速回零，打开"校准平面 I"，在平面 I（1 号圆盘）上任选方位加一试重，记录其值（可取其在 $5 \sim 8g$）及固定的相位角（从红带参考标记前缘算起，顺转向为正）。启动转子，重新调到平衡转速，测出 I 平面加重后，两个轴承座振动位移的幅值和相位角（和），将值输入"计算程序"的相应位置；转速回零，在"校准平面 I"上单击"Reset"按钮，卸下平面 I（1 号圆盘）上的试重。打开"校准平面 II"，在平面 II（4 号

圆盘）上任选方位加一试重；测量记录其值及固定相位角，转速重新调到平衡转速，测出加试重后，Ⅱ平面的两个轴承座振动位移的幅值和相位角，将值输入"计算程序"的相应位置。

最后，根据"计算程序"求出的平衡质量及校正相位角，在校正平面Ⅰ、Ⅱ重新加试重。然后将转速重新调到平衡转速，再测量记录两个轴承座振动的幅值和相位角。将测量的幅值和相位角输入"计算程序"，计算平衡率（即平衡前后振动幅值的差与未平衡振幅的百分比），如高于 80%，实验可结束。否则应寻找未能取得较好平衡效果的原因并重新实验。最后停机、关闭仪器电源，拆除平衡质量，使转子系统复原如初。

第18章 单自由度系统固有频率和阻尼比的测定

采用振动与控制实验装置进行单自由度系统的固有频率和阻尼比测定实验。振动与控制实验装置如图18.1所示，单自由度系统的力学模型如图18.2所示。当给质量 m 一初始扰动时，系统做自由衰减振动，振动曲线如图18.3所示，其运动微分方程为

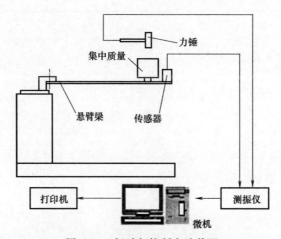

图 18.1 振动与控制实验装置

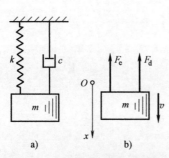

图 18.2 单自由度系统力学模型

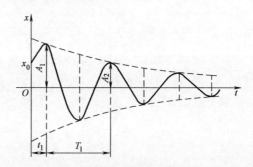

图 18.3 衰减振动曲线

$$m\frac{\mathrm{d}^2x}{\mathrm{d}t^2}+C\frac{\mathrm{d}x}{\mathrm{d}t}+Kx=0 \tag{18.1a}$$

$$\frac{\mathrm{d}^2x}{\mathrm{d}t^2}+2n\frac{\mathrm{d}x}{\mathrm{d}t}+\omega^2x=0 \tag{18.1b}$$

$$\frac{\mathrm{d}^2x}{\mathrm{d}t^2}+2\xi\omega\frac{\mathrm{d}x}{\mathrm{d}t}+\omega^2x=0 \tag{18.1c}$$

式中 $\omega=\sqrt{K/m}$ ——系统固有频率；

$n=C/(2m)$ ——阻尼系数；

$\xi = n/\omega$——阻尼比。

对于小阻尼情形 $\xi < 1$，其方程有解如下：

$$x = Ae^{-nt}\sin(\omega_1 t + \varphi_0) \tag{18.2}$$

式中　A——系统初始振幅（mm）；

　φ_0——初相位；

　ω_1——衰减振动圆频率。

并且有

$$\omega_1 = \sqrt{\omega^2 - n^2} = \omega\sqrt{1 - \xi^2} \tag{18.3}$$

设 $t = 0$ 时，系统的位置和速度分别为 x_0 和 v_0，则

$$A = \sqrt{x_0^2 + \frac{(v_0 + nx_0)^2}{\omega^2 - n^2}} \tag{18.4}$$

$$\tan\varphi = \frac{x_0\sqrt{\omega^2 - n^2}}{(v_0 + nx_0)^2} \tag{18.5}$$

1. 实验目的

（1）了解单自由度自由衰减振动的有关概念，深刻理解单自由度系统衰减振动的基本规律。

（2）学习分析系统自由衰减振动的波形。

（3）掌握由自由衰减振动波形确定系统固有频率和阻尼比的方法。

2. 实验设备和仪器

（1）振动与控制实验装置。

（2）位移传感器。

（3）测振仪。

（4）力锤。

（5）计算机与分析软件。

3. 实验步骤

（1）用锤敲击悬臂梁使其产生自由衰减振动。

（2）记录单自由度衰减振动波形，将速度传感器所测振动经测振仪转换为位移信号后，送入计算机显示和记录。

（3）绘出振动波形图波峰与波谷的两条包络线，设定周期数 I，并读出 i 个波所经历的时间 t，量出相距 i 个周期的双振幅 $2A_1$ 和 $2A_{1+i}$ 的数值。

（4）计算系统阻尼比 ξ 和固有频率 f_0。

4. 实验结果处理

绘出单自由度自由衰减振动波形图。

根据实验数据计算系统振动周期，大于无阻尼时的自由振动周期，即 $T_1 > T_2$，

$$T_1 = \frac{2\pi}{\omega_1} = \frac{2\pi}{\sqrt{\omega^2 - n^2}} = \frac{2\pi}{\omega\sqrt{1 - \xi^2}} = \frac{T}{\sqrt{1 - \xi^2}} \tag{18.6}$$

则系统固有频率为

$$f_0 = \frac{1}{T} = \frac{1}{T_1 \sqrt{1-\xi^2}} \tag{18.7}$$

振幅按几何级数衰减，设相邻两次振动的振幅分别为 A_i 和 A_{i+1}，则减幅系数为

$$\eta = \frac{A_i}{A_{i+1}} = e^{nT_1} \tag{18.8}$$

对数减幅系数为

$$\delta = \ln\eta = nT_1 \tag{18.9}$$

另外，相隔 i 个周期的两次振动，其振幅之比设为 η_i，则

$$\eta_i = \frac{A_1}{A_{1+i}} = \frac{A_1}{A_2}\frac{A_2}{A_3}\cdots\frac{A_i}{A_{1+i}} = (e^{nT_1})^i \tag{18.10}$$

$$\delta_i = \ln\eta_i = inT_1 \tag{18.11}$$

从而得

$$n = \frac{\delta}{T_1}, \ n = \frac{\delta_i}{iT_1}, \ \omega = \frac{2\pi}{T_1} \tag{18.12}$$

由式（18.6）可得

$$\omega = \sqrt{n^2 + \omega_1^2} \tag{18.13}$$

$$\xi = \frac{n}{\omega} = \frac{\delta}{T_1\omega} = \frac{\delta}{2\pi}\frac{\omega_1}{\omega} = \frac{\delta}{2\pi}\sqrt{1-\xi^2} \tag{18.14}$$

小阻尼 $\xi \ll 1$，故

$$\xi = \frac{\delta}{2\pi}, \quad \omega = \omega_1 \tag{18.15}$$

将实验数据填入实验报告表格中，完成实验报告。

5. 实验注意事项

手锤敲击时，要用力适度，敲后迅速拿开。

6. 思考题

（1）系统理论值与实测值的误差产生的原因在哪里？

（2）手锤敲击轻重对系统衰减规律是否会产生影响？为什么？

第3篇　常用实验设备

第 19 章　电子万能试验机

电子万能试验机（见图 19.1）是现代电子测量、控制技术与精密机械传动相结合的新型试验机，是一个可以对各种材料的试样施加拉力、压力的电子机械材料实验设备。它对荷载、变形、位移的测量和控制有较高的精度和灵敏度，与计算机联机还可实现实验进程模式控制、检测和数据处理自动化，并有低周荷载循环、变形循环、位移循环的功能。

图 19.1　电子万能试验机

19.1　电子万能试验机结构

试验机的结构及零部件如图 19.2 所示。主机的框架结构坚固，稳定性好，并且具有很高的刚性。主机框架的高刚性可以确保移动横梁产生的试验力可以传递到试样上。与试样串联在一起的传感器将把这些试验力转换成电信号，传送给控制系统进行测量和显示。

主机的结构由两根滚珠丝杠、一个移动横梁、一个底部支撑结构（底梁所在）、四根支撑光杠、一个上横梁（顶梁）、四个铝合金侧罩等组成。当试样固定在实验装置上时，由滚珠丝杠驱动移动横梁运动，对试样施加拉向或压向的试验力。

机械传动部分位于试验机底部支撑结构的内部，由伺服电机、齿形带、带轮驱动两根滚珠丝杠转动。

移动横梁的移动是由速度和方向来控制的，在微机上设置试验的速度和方向参数，试验开始后，试验机将根据这些参数产生速度和方向的控制命令。

① 滚珠丝杠：滚珠丝杠从底部穿过移动横梁到达上横梁，底部固定在上底板上，上部

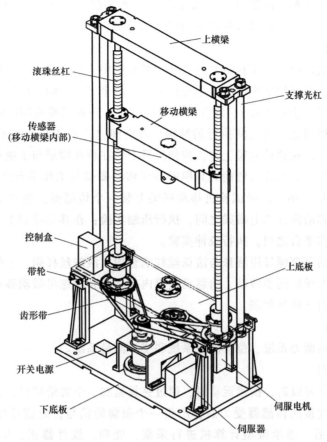

图 19.2 试验机的结构及零部件（内部）

由上横梁支撑。丝杠螺母固定在移动横梁上，丝杠转动可以通过丝杠螺母带动移动横梁上下移动。

② 支撑光杠：支撑光杠固定在上横梁和上底板之间，用于保证试验机的刚性。

③ 移动横梁：移动横梁是一个刚性的钢制零件，滚珠丝杠穿过移动横梁。移动横梁的中间内部或上部可安装传感器。

④ 上横梁：上横梁位于机器顶部，可用于固定支撑光杠、起吊设备、支撑滚珠丝杠、安装接头。

⑤ 上底板：上底板是一个由底部结构支撑的钢制矩形零件，滚珠丝杠固定在上底板的两端。上底板上的螺纹孔安装夹具座用。

⑥ 机械传动组件：机械传动组件由伺服电机、齿形带、带轮等组成。伺服电机通过齿形带、带轮驱动两根滚珠丝杠转动。

19.2 电子万能试验机工作原理

试验一个试样，需要将它安装到夹具或实验装置上，夹具或实验装置安装在加力的移动横梁和固定的底梁或顶梁之间。在计算机上安装好实验所需的软件，设定好实验的参数，如移动横梁移动的速度和方向等（实验参数设定参考实验设备软件用户手册）。当实验运行时，软件将会按照设定好的参数控制移动横梁的运动。

1. 加载系统

试验机的加载系统装于主机机架内，在加载系统中，由上横梁、4根导向立柱和工作平台组成门式框架，活动横梁把门式框架分成上、下两个实验空间，使得试验机使用实验空间有下空间、双空间（上拉下压）、双空间（上压下拉）三种实验空间结构。下空间结构是指所有实验在移动横梁之下的空间执行的结构。双空间（上拉下压）结构是指试验机移动横梁上装一个传感器，在移动横梁上方，拉伸夹具安装在移动横梁与上横梁之间，执行拉伸实验；在移动横梁下方，压缩与弯曲夹具则安装在移动横梁与工作平台之间，执行压缩实验。双空间（上压下拉）结构是指试验机移动横梁上装一个传感器，在移动横梁上方，压缩与弯曲夹具安装在移动横梁与上横梁之间，执行压缩实验；在移动横梁下方，拉伸夹具则安装在移动横梁与工作平台之间，执行拉伸实验。

移动横梁内的两套螺母用滚珠与滚珠丝杠啮合构成滚珠丝杠副。工作时伺服电机经减速器减速后驱动左右丝杠同步转动，由移动横梁内与之啮合的螺母带动移动横梁做上升或下降运动，从而实现对试样的加载。

2. 测量系统

测量系统包括测力系统、位移测量系统和变形测量系统。

（1）测力系统

当试样被装夹好以后，横梁运动时，通过夹具施加一个力给试样，安装在横梁中央并与下夹头和压头相连接的传感器受力后，产生一个微弱的信号，此信号经测量系统放大并经A/D转换器转换后，送给微型计算机进行采集、处理、线性修正，从而显示出所测到的力值。

（2）移动横梁位移测量系统

在滚动丝杠的顶端安装一光电编码器（位移传感器），编码器首先将转动的角度信号送给测量系统，然后再送至微机，这样便完成了位移的测量。所测得的横梁位移，也就是试样发生的整体变形。对活动横梁位移还有限位控制，通过灵活调整横梁的限位装置可以有效保护设备的使用安全。

（3）试样变形测量系统

通过另外加装在试样上的引伸计精确测量试样标距内的局部变形。

测量系统全部由电气控制系统控制，控制方式按照选用检测传感器的不同，可分为载荷控制、位移控制和变形控制。实验前要根据所做实验项目的实验规范进行标准速率设定，当实验过程中实际的加载速率与设定的标准速率不同时，控制器发出调整指令，伺服电机做出转速调整使实际速率与设定的标准速率保持一致，在实验过程中这是个循环过程。

3. 试验机软件部分

试验机软件部分主要通过计算机进行实验方案制定与选择（提出力控制、应力控制、位移控制、应变控制等多种实验控制方式）、数据处理、数据分析、实验过程监测（显示实验曲线）、实验的结果分析和存储、实验结果的输出（编辑实验报告，打印各种结果和曲线报告）。

19.3　电子万能试验机技术参数

在使用电子万能试验机时，首先确定力、位移、变形的测量范围；其次确定力、位移、变形的示值相对误差和分辨力；再确定横梁移动速率和电源等技术参数。

19.4　电子万能试验机安全使用

（1）主机电源开关开的时候不要连接电源线，关闭电源开关可以避免危险电压损坏部件。

（2）当设备失控或出现其他紧急情况下，可快速按下急停开关，以防止移动横梁上冲或下冲而损坏设备，从急停状态到解除急停状态，其间隔不应少于1min。

（3）当按快速上升键或快速下降键时，不要将手放在移动横梁与固定的试样、夹具或实验装置之间，以免受伤。

（4）移动横梁的限位装置的设置，要确保移动横梁移动的距离不会超过范围而导致夹具或装置损害。

（5）当把电源开关打到"关"的时候，将切断所有的主机电源，但是应该等到计算机完成所有的试验、数据处理以及打印的工作之后。

19.5　电子万能试验机检查维护

1. 检查

在操作试验机前应该执行的日常维护检查包括：

（1）检查所有的接线是否安全可靠。

（2）检查夹具、实验装置和附件是否由于过载而损坏或者变形，更换所有损坏的零件。

（3）检查信号线、电源线是否有一定的松弛度，确保不会使连接器承受过度的应力。

（4）按照清洁的步骤清洁主机，根据实验环境的不同，可能要频繁地清洁。

（5）检查所有的电缆线有无损伤，如有必要需更换电缆线。

2. 保养

丝杠、下轴承套都需要定期涂抹润滑油。

在常规的实验条件下，丝杠需要半年加一次润滑油。下轴承座需要一年加 4 次润滑油。如果试验机的周围环境灰尘比较多，或者是用来持续进行高速或者大试验力的实验，需缩短润滑的周期。

3. 清洁

每周应该清洁试验机，如果实验环境有灰尘或比较脏，清洁应该更频繁。

用湿软布蘸少量清洁剂（不要用溶剂）擦所有的喷漆表面。

为了防止金属表面腐蚀，用蘸油（不要使用太多的油）的软布擦不喷漆的金属表面。

19.6　电子万能试验机扩展平台

扩展平台：带 T 形槽的钢平面。在其上可进行非规则体试样及材料构件、模型的实验。

第20章　电子扭转试验机

电子扭转试验机满足 GB/T 10128—2007《金属材料室温扭转试验方法》的要求，主要用于测量各种金属在扭转作用下的抗扭强度、切变模量、规定非比例扭转应力 $\tau_{p0.05}$ 和 $\tau_{p0.3}$ 等实验结果及其他相关数据。电子扭转试验机应该具有结构简单，操作方便，测量准确等特点，最好具有自动对正、试样夹持预负荷自动消除、过载保护等功能，能够进行实验设定和实验过程自动跟踪。该机适用于大中专院校、质量检测部门、冶金行业、科研机构及有关工矿企业等部门，是进行金属、非金属材料性能检验和研究的常用设备。

20.1　电子扭转试验机结构

电子扭转试验机外观如图 20.1 所示，整机由主机、主动夹头、从动夹头、扭角测量装置以及电控系统等组成。

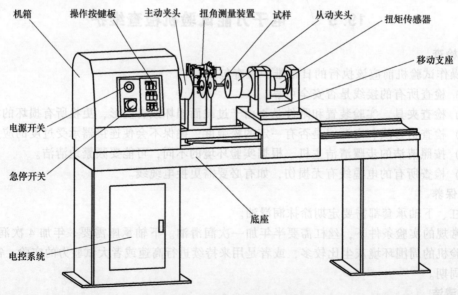

图 20.1　电子扭转试验机外观图

1. 主机

主机由底座、机箱、传动系统和移动支座等组成。

传动系统由交流伺服电机、皮带和带轮、减速器、皮带张紧装置等组成。（注意：减速器出厂时已加注润滑油。）

移动支座由支座和扭矩传感器组成：支座用轴承支撑在底座上，与导轨的间隙由内六角螺钉调整。扭矩传感器固定在支座上。

2. 扭角测量装置

装置由卡盘、定位环、支座、转动臂、测量辊、光电编码器组成。试样形变通过卡盘放大后，利用光电效应进行测量。

3. 扭矩的测量机构

扭矩传感器固定在试验机移动支座上，可随移动支座沿导轨直线移动，用于测量试样传递过来的扭矩。

4. 夹头

试样夹头有两个，用于夹持试样。主动夹头安装在减速器出轴端，受电机驱动提供主动力矩；从动夹头安装在移动支座上，与扭矩传感器相连。

20.2 / 电子扭转试验机工作原理

1. 加载系统

加载系统由主夹头、底座、移动支座、交流伺服电机、同步齿轮系统、减速器和驱动控制单元组成。试件夹头有两个，主动夹头安装在减速器的出轴端，从动夹头安装在移动支座的扭矩传感器上，试件夹持在两个夹头之间。驱动控制单元发出指令，伺服电机转动，经过减速器减速带动主动夹头转动，从而对试件进行加载。

2. 测量系统

（1）扭矩测量系统

扭矩传感器固定在支座上，可沿导轨直线移动，通过试件传递过来的扭矩使传感器产生相应的变形，所产生的应变信号通过电缆传入电控部分，由计算机进行数据采集和处理，并将结果显示在屏幕上。

（2）扭角测量系统

扭转角测量系统由卡盘、定位环、支座、转动臂、测量辊、光电编码器组成。卡盘固定在试件的标距位置上，试件在加载负荷的作用下而产生变形，从而带动卡盘转动，同时通过测量辊带动光电编码器转动。由光电编码器输出角脉冲信号，发送给电控测量系统处理，然后通过计算机将扭转角显示在屏幕上。

扭角测量装置的安装方法如图 20.2 所

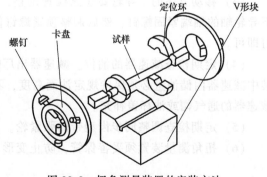

图 20.2　扭角测量装置的安装方法

示。先将一个定位环夹套在试样的一端，装上卡盘，将螺钉拧紧。再将另一个定位环夹套在试样的另一端，装上另一卡盘。根据不同的试样标距要求，将试样搁放在相应的 V 形块上，使两卡盘与 V 形块的两端贴紧，保证卡盘与试样垂直，以确保标距准确。将卡盘上的螺钉拧紧。将装好卡盘的试样装在主、从动夹具上。将扭角测量装置的转动臂距离调好，转动转动臂，使测量辊压在卡盘上。

3. 试验机软件部分

试验机软件部分主要通过计算机进行实验方案制定与选择（提出扭矩控制、应力控制、转角控制、应变控制等多种实验控制方式）、数据处理、数据分析、实验过程监测（显示实验曲线）、实验的结果分析和存储、实验结果的输出（编辑实验报告，打印各种结果和曲线报告）。

20.3 电子扭转试验机技术参数

在使用电子扭转试验机时，首先确定扭矩、转角的测量范围；其次确定扭矩、转角的示值相对误差；再确定扭转速率和电源等技术参数。

20.4 电子扭转试验机安全使用

（1）主机和计算机的开机顺序会影响计算机的串口通信初始化设置，所以需要严格按照"试验机→计算机→打印机"开机顺序进行。

（2）每次开机后要预热 10min，待系统稳定后，才可进行实验。

（3）如果刚刚关机，需要再开机，至少保证 1min 的间隔时间。

（4）推动移动支座时，切忌用力过大，以免损坏试样或传感器。

20.5 电子扭转试验机检查维护

（1）保持试验机的清洁、卫生。

（2）扭矩传感器为精密元器件，使用过程中不得施加较大的径向负荷、轴向负荷或冲击负荷。

（3）移动支座的下导轮要注意检查调整，防止间隙影响测量精度。调整方法是先松开下导轮轴的轴端紧固螺钉，然后调整顶紧螺钉使下导轮紧贴导轨的表面，再拧紧轴端紧固螺钉即可。

（4）定期检查减速器的油位。减速器出厂时已加注润滑油，每 3~6 个月更换一次。运转中减速器内储油量必须保持规定油面高度，不宜过高或过少，加油时拆开机箱，然后打开减速器的通气帽或油杯盖补充。

（5）定期检查调整同步齿型带的张紧轮。

（6）扭角测量装置须妥善保管，防止变形、损坏。

第 21 章 冲击试验机

摆锤冲击试验机是对金属材料在动负荷下抵抗冲击性能进行检测的仪器，能连续和大量地做金属冲击实验，并显示冲击吸收功、冲击韧性、摆锤的旋转角度及打印实验报告等。试验机配备了防护网，为用户的安全操作提供了条件。冲击试验机是金属材料生产厂家、质检部门必备的检测仪器，也是科研单位进行新材料研究不可缺少的测试仪器。

21.1 冲击试验机结构

1. 产品结构

冲击试验机主机如图 21.1 所示，主要由以下部分组成：机身、摆锤、挂/脱摆机构、测量角度装置、显示系统（包括液晶控制盒和控制面板）、控制按钮、防护装置、电气部分。

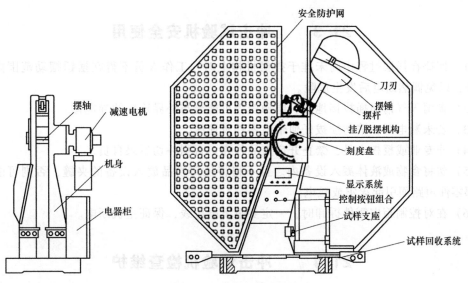

图 21.1　冲击试验机主机

2. 组成部件的说明

机身：支承设备的零部件并固定设备的位置。

摆锤：直接对试样进行冲击。

摆杆：连接摆锤与转轴，且起到力臂的作用。摆杆的长度对摆锤力矩以及对冲击能量都产生正比例的影响。

挂/脱摆机构：挂摆或脱开摆。

安全防护网：区别摆锤的活动范围，为非操作人员的误进入设备工作区提供了安全保障。

显示系统：包括液晶显示器和控制面板。液晶显示器用于显示实验参数和相关信息，控制面板用于参数设置、结果查看和数据打印等功能。

控制按钮：清零、取摆、放摆、冲击等执行命令功能按钮的组合。

电器柜：安装电器板、控制器等电器有关硬件。在通常情况下该柜处于封闭状态，如有必要，则拧开后面门的螺钉即可打开。

3. 试验机工作程序

控制机构利用电机，通过摆轴、摆杆，将摆锤扬起到固定高度，挂住摆锤获得初始能量。将试样按要求安放于试样支座上。通过控制按钮将挂/脱摆机构脱开摆锤，摆锤落下冲击试样后，继续绕摆轴前行至最高点，获得冲击后能量。液晶显示器会及时显示材料所吸收的能量（初始能量与冲击后能量之差）。同时控制机构将摆锤重新挂住，预备再次实验。若无实验，可通过控制按钮将摆锤放下。

21.2 / 冲击试验机技术参数

在使用冲击试验机时，首先确定最大冲击能量的测量范围；其次确定试样规格（国标要求：10mm（7.5mm/5mm）×10mm×55mm）；再确定摆锤预扬角和冲击速度等技术参数。

21.3 / 冲击试验机安全使用

（1）摆锤在扬摆过程中尚未挂于挂摆机构上时，工作人员不得在摆锤摆动范围内活动或工作，以免偶然断电后发生危险。

（2）雷雨天气请勿插拔接地线、电源线等可能会与外界连接的导电体。

（3）若未断电源，请勿插拔任何带电零件及连线。

（4）非专业或授权人员，禁止开启产品外壳，否则一切后果自负。

（5）勿将食物或液体溅入设备内。且不得将任何物品放入设备的夹缝，否则可能会导致内部零件短路而引起火灾或触电。

（6）在对控制箱内零件拆卸时，一定要拔下电源线，保证主机断电。

21.4 / 冲击试验机检查维护

（1）经常保持设备和液晶控制系统的清洁、卫生。

（2）预防高温、过湿、灰尘、腐蚀性介质、水等浸入机器或液晶控制系统内部。

（3）定期检查，保持零件、部件的完整性。

（4）注意对易锈件要涂上防锈油。

（5）注意对滑动机件、转动机件加润滑油。

第 22 章 静态电阻应变仪

在使用材料力学多功能实验台时，通常需要同时测量应变与力两种物理量，因此配接了静态电阻应变仪。该仪器具有本机自控和计算机外控两种工作模式，在本机自控工作模式下，能同时测量应变（με）与拉压力（t/kN，kg/N）两种物理量；在计算机外控工作模式下，一台计算机可同时监控或控制 32 台同类型仪器，可以对学生进行有效的管理，同时降低教师的工作量。

22.1 / 静态电阻应变仪结构

静态电阻应变仪面板左侧为测力模块，右侧为应变测量模块，如图 22.1 所示。

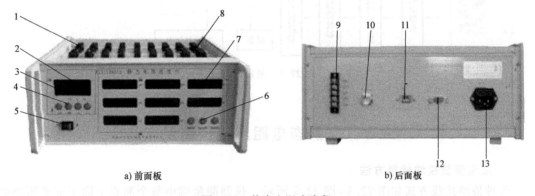

a) 前面板　　　　　　　　　　　　　b) 后面板

图 22.1　静态电阻应变仪

1—测试应变片接线柱　2—测力模块控制与显示区　3—测力结果显示屏　4—测力模块功能键
5—电源开关　6—应变测量模块功能键　7—位移测量结果显示屏　8—温度补偿片接线柱及桥路变换
9—三线制或四线制力传感器接线柱　10—力传感器接入口　11—USB 通信接口　12—串行数据通信接口　13—电源

测力模块功能键包括：

1）设定：测量状态，该键进入（测力）参数设置状态。

2）清零：测量状态，对测力窗口进行平衡，显示清零。

3）N/kg：测量状态，实现 N 与 kg 之间的数据转换

4）kN/t：测量状态，实现 kN 与 t 之间的数据转换。

应变模块功能键包括：

1）系统设定：工作模式及参数设置功能选择键。开机自检时，该键进入工作模式选择状态。测量状态，该键进入应变测量模块参数设置状态。

2）自动平衡：测量状态，对应变模块各通道进行平衡，显示清零。

3）通道切换：测量状态，进行通道切换。

22.2 / 静态电阻应变仪工作原理

材料力学多功能实验台配接的静态电阻应变仪需要同时测量应变与拉压力；因此，静态电阻应变仪集成了两个独立的测量子系统，分别完成力与变形的测量。具体测量模块与流程如图 22.2 所示。

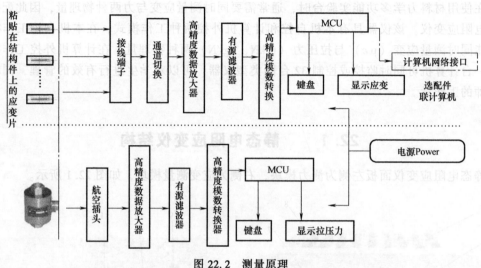

图 22.2　测量原理

22.3 / 静态电阻应变仪使用方法

1. 应变测量模块接桥方法

各种桥路接线方式如图 22.3～图 22.7 所示。仪器测量端中每个测点上除了标有组桥必需的 A、B、C、D 四个测点外，还设计了一个辅助测点 B1，该测点只有在 1/4 桥（半桥单臂）时使用，在组接 1/4 桥路（半桥单臂）时，必须将 B 和 B1 测点之间的短路片短接；在组接半桥或全桥时必须将 B 和 B1 测点之间的短路片断开。在组接各种桥路时，B 与 B1 之间的短路片如接法错误会造成该通道显示值过载。

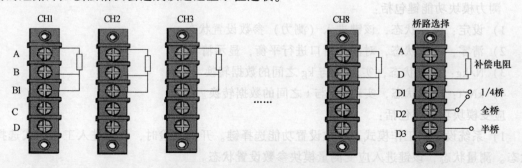

图 22.3　（半桥单臂）单线方式

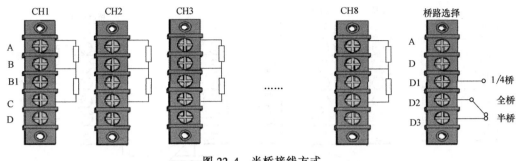

图 22.4　半桥接线方式

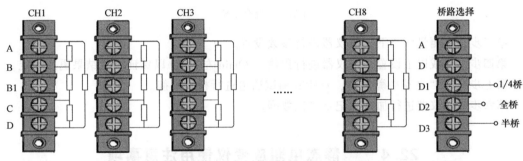

图 22.5　全桥接线方式

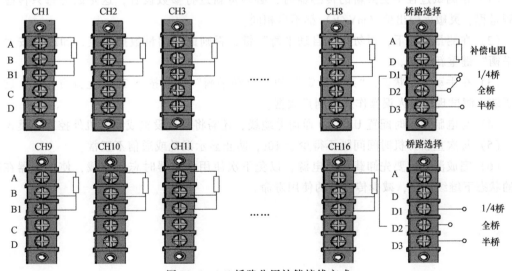

图 22.6　1/4 桥路公用补偿接线方式

2. 使用方法

第一步，根据测试要求，选择合适的桥路进行接线。

第二步，进行工作模式设置，设置步骤如下：打开仪器电源开关，仪器进入自检状态，当 LED 显示 "8888888" 或 "-2118A-" 字样时，按下 "系统设定" 键 3s 以上仪器自动进入工作模式设置状态。"OFF" 为本机自控工作模式，"ON" 为计算机外控工作模式。仪器出厂默认 "OFF" 本机自控工作模式，通过 "通道切换" 键进行模式切换，设置完毕后，按 "系统设定" 键保存设置，仪器自动返回测量状态或进入计算机外控工作模式状态。

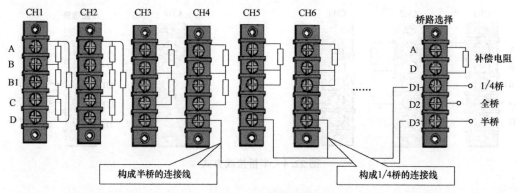

图 22.7　混合组桥

第三步，在测量状态下，对仪器进行参数设置。

第四步，完成以上设置，对仪器进行预热（20min 左右），以保证测量结果更加稳定。

第五步，按"自动平衡"键，对所有测试通道进行桥路平衡。

第六步，对仪器进行加载并记录测试数据。

22.4 / 静态电阻应变仪使用注意事项

（1）在测试过程中更换新的传感器时，必须重新进行参数设置，这是因为每只传感器的满量程、灵敏度输出值（mV/V）都不尽相同。

（2）在测量状态下，请勿按"自动平衡"键，否则此组测量数据作废，卸载后按"自动平衡"键重新测试。

（3）在手动测量状态，"系统设定"和"自动平衡"键需按下 3s 以上方可生效，这是为了防止测试现场有人误操作影响测量数据。

（4）与电脑相连时配置 USB2.0 通信电缆线，还需将仪器设置成计算机外控工作模式。

（5）每次重新开机时间间隔不得少于 10s，防止显示混乱或通信不正常。

（6）完成测试后要先卸载再关电源，以免下次使用传感器时忘记卸载，使传感器在加载的状态下继续加载，减少传感器的使用寿命。

第 23 章　静态应变测试分析系统

　　静态应变测试分析系统用电学方法测量不随时间变化或变化极为缓慢的静态应变。它由测量电桥、放大器、A/D 模数转换器和显示读数机构等组成。贴在被测构件上的电阻应变计接于测量电桥上。构件受载变形时，测量电桥有电压输出，经放大器放大后，再通过 A/D 模数转换器，由显示读数机构输出相应的应变值。

　　静态应变测试分析系统（见图 23.1）适合教学模型体或工程结构体实验，特别适用于野外结构实验。该设备采用 USB 接口，即插即用，方便可靠；通过模块扩展，每台计算机最多可同时控制 4096 个测点；模块间通信距离可达 100m，方便布线，系统抗干扰能力强。所有数据采集模块由电源/控制器统一供电。每个测点连续采样频率可达 1Hz（即 1s 内完成所有测点的采集、传送、存储和显示），可进行准静态测试，有效捕捉缓变信号的变化趋势，并且在现场操作方便性方面有了很大的改进。

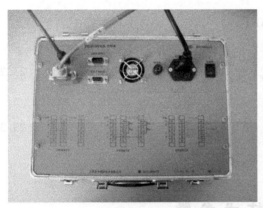

图 23.1　静态应变测试分析系统

23.1　工 作 原 理

　　我们以 1/4 桥、120Ω 桥臂电阻为例对测量原理加以说明，测量原理如图 23.2 所示。

因

$$V_i = 0.25E_g \cdot K \cdot \varepsilon$$

即

$$V_o = KF \cdot V_i = 0.25KF \cdot E_g \cdot K \cdot \varepsilon$$

所以

$$\varepsilon = 4V_o/(E_g \cdot K \cdot KF) \tag{23.1}$$

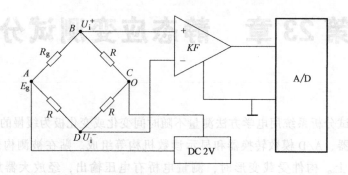

图 23.2　测量原理

R_g—测量片电阻　R—固定电阻　KF—低漂移差动放大器增益

式中　V_i——直流电桥的输出电压；

$\quad\quad E_g$——桥压（V）；

$\quad\quad K$——应变计灵敏度系数；

$\quad\quad \varepsilon$——输入应变量（$\mu\varepsilon$）；

$\quad\quad V_o$——低漂移仪表放大器的输出电压（μV）；

$\quad\quad KF$——放大器的增益。

当 $E_g = 2V, K = 2$ 时，$\quad\quad\quad\quad\quad \varepsilon = V_o/KF(\mu\varepsilon)$

对于 1/2 桥电路

$$\varepsilon = 2V_o/(E_g \cdot K \cdot KF) \tag{23.2}$$

对于全桥电路

$$\varepsilon = V_o/(E_g \cdot K \cdot KF) \tag{23.3}$$

这样，测量结果由软件加以修正即可。

23.2　技术参数

在使用静态应变测试分析系统时，首先确定最大测试通道数量；其次确定应变计电阻值适用范围、应变测量范围及最高分辨率、自动平衡范围；再确定零漂值和供桥电压（DC）的大小等技术参数。

23.3　安全使用

1. 桥路的连接

桥路类型指在应变电桥中，根据不同的测试情况，接应变计的数量和方式有不同。表 23.1 为应变片贴片形式、应变片在应变采集箱测点接入方式及必需的输入参数。

表 23.1　应变片形式及接入方式

用　　途	现场实例	应变片的连接	输入参数
1/4 桥(多通道共用补偿片)适用于测量简单拉伸压缩或弯曲应变 应变片电阻：120Ω	$R_g\,120\Omega$ $R_g\,120\Omega$	补偿　　1　　8 R_d　R_{g1}　R_{g8}　$+E_g$ V_{i+}　…　$-E_g$ V_{i-} 1/4桥	灵敏度系数 导线电阻 应变计电阻
半桥(1 片工作片,1 片补偿片) 适用于测量简单拉伸压缩或弯曲应变,环境较恶劣	R_g　R_d R_g　R_d	补偿　　1　　8 R_g　R_g　$+E_g$ V_{i+} R_d　R_d　…　$-E_g$ V_{i-} 半桥	灵敏度系数 导线电阻 应变计电阻
半桥(2 片工作片)适用于测量简单拉伸压缩或弯曲应变,环境温度变化较大	R_{g1}　R_{g2} R_{g1}　R_{g2}	补偿　　1　　8 R_{g1}　R_{g1}　$+E_g$ V_{i+} R_{g2}　R_{g2}　…　$-E_g$ V_{i-} 半桥	灵敏度系数 导线电阻 应变计电阻 泊松比
半桥(2 片工作片)适用于只测弯曲应变,消除了拉伸和压缩应变	R_{g1}　R_{g2}	补偿　　1　　8 R_{g1}　R_{g1}　$+E_g$ V_{i+} R_{g2}　R_{g2}　…　$-E_g$ V_{i-} 半桥	灵敏度系数 导线电阻 应变计电阻

（续）

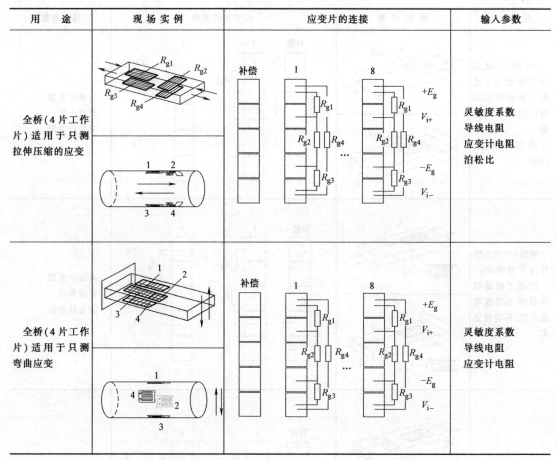

用　　途	现 场 实 例	应变片的连接	输入参数
全桥（4 片工作片）适用于只测拉伸压缩的应变		补偿　1　　8	灵敏度系数 导线电阻 应变计电阻 泊松比
全桥（4 片工作片）适用于只测弯曲应变		补偿　1　　8	灵敏度系数 导线电阻 应变计电阻

注：

1）图 23.3 为应变片半桥桥路接入示例。

2）各应变采集箱上的每组测点共有六个接点，第一个接点为 $+E_g$（正桥压输入），第二个接点为 V_{i+}（正信号输出），第三个接点用于 1/4 桥路接入控制，第四个接点为 $-E_g$（负桥压输入），第五个接点为 V_{i-}（负信号输出），第六个接点为屏蔽端 G。在每组测点后面都有标记，其中 $+E_g$ 表示供桥电压正极，$-E_g$ 表示供桥电压负极，V_{i+} 表示信号正极，V_{i-} 表示信号负极。

补偿

图 23.3　应变片半桥桥路接入示例

2. 常见灵敏度的表示方法

（1）应变片

应变片的灵敏度大小一般是 2.0 左右，在应变片的技术指标上都会标明，测量的时候直接输入软件即可。

（2）压阻式加速度传感器

此类传感器的灵敏度单位为 mV/EU，其中 EU 表示该传感器测量的工程单位，该类传感器具有灵敏度高、响应速度快、可靠性好、精度较高、零频响应等一系列突出优点，因为该传感器需要供电，所以接仪器的时候需要接应变适调器，仪器测得该传感器输出的电压信号，根据传感器的灵敏度，我们可以得出传感器测得信号的大小。

（3）桥式传感器

此类传感器的灵敏度单位为 mV/V。例如，某厂家提供的传感器的指标为量程 1000kN、电源 12V、灵敏度 1.23mV/V，它的实际意义是在有 12V 电压激励时满量程输出电压为 14.76mV。

那么针对 2V/5V/10V/24V 的桥压电压的灵敏度的计算方法分别为

（1.23×2/1000）mV/kN＝0.00246mV/kN；

（1.23×5/1000）mV/kN＝0.00615mV/kN；

（1.23×10/1000）mV/kN＝0.0123mV/kN；

（1.23×24/1000）mV/kN＝0.02952mV/kN。

仪器测得该传感器输出的电压信号，根据传感器的灵敏度，我们可以得出传感器测得信号的大小。

（4）特别注意

仪器运行时，若未使用单相三线制电源，必须将接地端可靠接地，消除交流电源干扰。若用交流电源测试时不能有效接地，可能会有 50Hz 干扰。

23.4　检查维护

（1）仪器搁置位置应避免阳光直射。

（2）仪器搬运过程中应避免震动、挤压和受潮，应保证通风良好，注意防尘、防潮。

（3）仪器长时间不用时，应每季度最少开机一次，并且开机时间不少于 4h。

第24章 动态采集系统（动态信号测试分析系统）

动态电阻应变仪应用于测量随时间变化的动态应变，其工作频率一般在 5kHz 以下。它由测量电桥、放大器和滤波器等组成。为了同时测量多个动态应变的信号，应变仪一般有多个通道，每个通道测量一个动态应变信号。动态应变是随时间而变化的，须将应变的动态过程记录下来，记录结果可直接反映被测应变信号的大小和变化，因此动态应变仪要与对应的软件配套使用。

如图 24.1 所示，动态信号测试分析系统包含动态信号测试所需的信号调理器（应变、振动等调理器）、直流电压放大器、抗混滤波器、A/D 转换器、缓冲存储器（每通道带 1M 数据点的独立高速缓存）以及采样控制和计算机通信的全部硬件，并提供操作方便的控制软件及分析软件，是以计算机为基础的智能化的动态信号测试分析系统。系统对应变、应力及力、压力、扭矩、荷重、温度、位移、速度、加速度

图 24.1 动态信号测试分析系统

等物理量进行自动、准确、可靠的动态测试和分析，是工矿企业、科研机构、国防工业及高等院校在研究、设计、监测、生产和施工中进行非破坏性动静态应变、振动、冲击及各种物理量测量和分析的一种重要工具。

每台计算机最多可控制 256 通道同步并行工作，使用以太网连接多台计算机控制系统工作，最多可控制 4096 通道同步并行工作。

24.1 工作原理

可参见第 23.1 节工作原理。

24.2 技术参数

在使用动态应变测试分析系统时，首先确定最大测试通道数量；其次确定满度值、系统准确度、系统稳定度、线性度、失真度；再确定零漂值（除了时间影响，还有温度影响）和供桥电压（DC）的大小，还要考虑连续采样速率等技术参数。

24.3 安全使用

根据试验要求，选择测试元件（应变片、力传感器、位移传感器、速度、加速度、热敏传感器等），并且牢固安装在待测试件上，将测试元件与相应适配器相连（应变片桥路连

接可参见第 23.3 节安全使用）。将设备信号线与计算机相连。

24.4 ／ **注 意 事 项**

1. 环境注意

（1）本仪器所使用的环境应符合 GB 6587.1—1986—Ⅲ组要求的环境，避免在酸、碱、盐、雾、雨淋及过强的辐射场、电场、磁场等场合使用。

（2）存放时，应保证仪器的各个接口完好无损，并将仪器盖好，防止灰尘污染，以减小输入、输出插头的接触电阻，若一旦污染，应根据污染性质选择适当的溶剂（如无水乙醇、乙醚、四醚化碳等），以白绸布蘸少许将污物擦净。

2. 搬运注意

（1）搬运时请注意仪器外表面各个部位的防护，以免与硬物碰撞，损坏仪器。

（2）移动仪器时请注意轻拿轻放，以免损伤。

3. 连接注意

（1）所有仪器的连线必须牢固可靠。

（2）直流供电时，需在实验过程中保证连接的导线不要晃动。

（3）测量时，要保证仪器良好接地。

（4）接通电源，仪器正常工作后需预采样，信号应无明显干扰，否则应重新调整连接线或接地点。

（5）电缆线的连接、拆除必须在仪器关机的状态下进行。

4. 测量注意

（1）仪器必须放置在合适的位置上使用，切勿将其倾斜或倒置使用，并保证风扇能正常散热，信号输入线在采样时禁止插拔。

（2）采样前建议将其他无关的程序关闭，否则可能造成软件未响应，影响采样进程。

（3）若需精确测试，须预热 1h 再进行采样。

（4）测量前应重新设置各项参数，以提高测量的可靠性；不参与测量的通道，应在软件界面中将其通道状态设置为"×"，同时将量程调到最大，输入方式设为 GND，以防引起干扰和导致电源功率增大。

（5）系统平衡后有一很小的直流电位，故实际使用时输入信号幅度应为满度的 95% 左右，计量时也必须按此条件计量。

第 25 章　材料力学多功能实验装置

本实验装置是用于高等工科院校做材料力学电测法实验的主机，配套使用的仪器设备还有：拉压力传感器（1000kg）、力 & 应变综合参数测试仪、电阻应变片、连接导线等。力 & 应变综合参数测试仪配有计算机接口，实验数据可由计算机进行处理。

25.1　材料力学多功能实验装置结构

组合式材料力学多功能实验台外形结构如图 25.1 所示。本产品的框架设计采用封闭型钢及铸件组成，表面经过细致处理，结构紧固耐用；每项实验均配有表面进行处理的试件和附件。

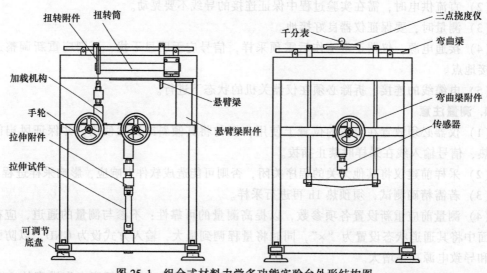

图 25.1　组合式材料力学多功能实验台外形结构图

25.2　材料力学多功能实验台工作原理

1. 加载原理

加载机构为内置式，采用蜗轮蜗杆及螺旋传动的原理，在不对轮齿造成破坏的情况下，对试件进行施力加载，该设计采用了两种省力机械机构组合在一起，将手轮的转动变成了螺旋千斤加载的直线运动，具有操作省力、加载稳定等特点。

2. 工作机理

实验台采用蜗杆和螺旋复合加载机构，通过传感器及过渡加载附件对试件进行施力加载，加载力大小经拉压力传感器由力 & 应变综合参数测试仪的测力部分测出所施加的力值；

各试件的受力变形，通过力 & 应变综合参数测试仪的测试应变部分显示出来，该测试设备备有微机接口，所有数据可由计算机分析处理打印。

25.3　材料力学多功能实验装置技术参数

在使用材料力学多功能实验装置时，首先确定力、位移、变形的测量范围；其次确定力、位移、变形示值的相对误差和分辨率；最后确定结构和电源等技术参数。

25.4　材料力学多功能实验装置安全使用

（1）实验台初次使用时，应调节实验台下面四只底盘上的螺杆，将支撑梁顶面调至水平，放上弯曲梁组件，使弯曲梁上两根加载杆处于自由状态，不碰到中间槽钢圆孔周边。本设计蜗杆升降机构的滑移轴行程为 50mm，手轮摇至快到行程末端时，应缓慢摇动手轮，以免撞坏有关零件。

（2）未加载前，首先检查仪器安放是否稳定，按要求接好传感器和试件；接通电源后，检查力 & 应变综合参数测试仪中拉压力和应变量是否调零；检查无误后即可进行实验，实验过程严格按照学生实验守则来完成。

（3）注意所有实验进行完毕后，应放松蜗杆，最好是拆下试件，以免闲杂人员乱动机构损坏传感器与试件。

25.5　材料力学多功能实验装置检查维修

（1）检查所有的接线是否安全可靠。

（2）检查夹具、实验装置和附件是否由于过载而损坏或者变形。更换所有的损坏的零件。

（3）按照清洁的步骤清洁主机。根据实验环境的不同，确定清洁的次数。

（4）检查所有的电缆线有无损伤，如有必要请更换电缆线。

（5）每周应该清洁试验机，如果实验有灰尘或比较脏，清洁应该更频繁。用湿软布蘸少量清洁剂（不要用溶剂）擦所有的喷漆表面。

参 考 文 献

[1] 孙训方，方孝淑，关来泰. 材料力学 [M]. 5版. 北京：高等教育出版社，2009.

[2] 刘鸿文. 材料力学 [M]. 5版. 北京：高等教育出版社，2011.

[3] 宋固全，闫小青，兰志文. 工程力学实验教程 [M]. 成都：西南交通大学出版社，2012.

[4] 计欣华，邓宗白，鲁阳. 工程力学实验 [M]. 北京：机械工业出版社，2005.

[5] 王杏根，胡鹏，李誉. 工程力学实验（理论力学与材料力学实验）[M]. 武汉：华中科技大学出版社，2008.

[6] 秦树人. 机械工程测试原理与技术 [M]. 重庆：重庆大学出版社，2002.

[7] BECKWITH T G, MARANGONI R D, LIENHARD V J H. 机械量测量 [M]. 5版. 王伯雄，译. 北京：电子工业出版社，2004.

[8] 长安大学力学实验教学中心. 实验力学 [M]. 西安：西北工业大学出版社，2006.

[9] 盖秉政. 实验力学 [M]. 哈尔滨：哈尔滨工业大学出版社，2006.

[10] 赵清澄，石沅. 实验应力分析 [M]. 北京：科学出版社，1987.

[11] 陈巨兵，林卓英，余征跃. 工程力学实验教程 [M]. 上海：上海交通大学出版社，2007.

[12] 周明华. 土木工程结构试验与检测 [M]. 南京：东南大学出版社，2002.

[13] 宋逸先. 实验力学基础 [M]. 北京：水利水电出版社，1987.

[14] 张天军，韩江水，屈钧利. 实验力学 [M]. 西安：西北工业大学出版社，2008.

[15] 谈庆明. 量纲分析 [M]. 合肥：中国科学技术大学出版社，2005.

[16] 杨福俊，何小元，谢惠民，等. 实验力学最新进展——2008 国际实验力学会议概况 [J]. 力学进展，2009，39（5）：638-640.

[17] 潘信吉，何蕴增. 材料力学实验原理及方法 [M]. 哈尔滨：哈尔滨工业大学出版社，1995.

[18] 陈锋，段自力，王文安，等. 材料力学实验 [M]. 武汉：华中理工大学出版社，1999.